许尤佳育儿丛书

1000000 粉丝忠实热捧
人气育儿专家 最新力作

许尤佳育儿课堂

儿科主任
博士生导师

许尤佳 著

SPM 南方出版传媒

广东科技出版社 | 全国优秀出版社

· 广州 ·

图书在版编目（ＣＩＰ）数据

许尤佳：育儿课堂 / 许尤佳著 . — 广州：
广东科技出版社，2019.8
（许尤佳育儿丛书）
ISBN 978-7-5359-7185-2

Ⅰ . ①许… Ⅱ . ①许… Ⅲ . ①婴幼儿—哺育—基本知
识 Ⅳ . ① TS976.31

中国版本图书馆 CIP 数据核字 (2019) 第 148190 号
特别感谢林保翠为本书付出的努力

许尤佳：育儿课堂 Xuyoujia:Yu'er Ketang

出 版 人：朱文清
策　　划：高　玲
特约编辑：黄　佳
责任编辑：高　玲　方　敏
装帧设计：
摄影摄像：　深圳·弘艺文化 HONGYI CULTURE
责任校对：李云柯
责任印制：彭海波
出版发行：广东科技出版社
　　　　　（广州市环市东路水荫路 11 号　邮政编码：510075）
http：//www.gdstp.com.cn
E-mail：gdkjyxb@gdstp.com.cn（营销）
E-mail：gdkjzbb@gdstp.com.cn（编务室）
经　　销：广东新华发行集团股份有限公司
印　　刷：广州市岭美文化科技有限公司
　　　　　（广州市荔湾区花地大道南海南工商贸易区 A 幢　　邮政编码：510385）
规　　格：889mm×1 194mm　1/24　印张 7　字数 150 千
版　　次：2019 年 8 月第 1 版
　　　　　2019 年 8 月第 1 次印刷
定　　价：49.80 元

儿科主任 / 博士生导师　许尤佳

- 1000000 妈妈信任的儿科医生
- "中国年度健康总评榜"受欢迎的在线名医
- 微信、门户网站著名儿科专家
- 获"羊城好医生"称号
- 广州中医药大学教学名师
- 全国老中医药专家学术经验继承人
- 国家食品药品监督管理局新药评定专家
- 中国中医药学会儿科分会常务理事
- 广东省中医药学会儿科专业委员会主任委员
- 广州中医药大学第二临床医学院儿科教研室主任
- 中医儿科学教授、博士生导师
- 主任医师、广东省中医院儿科主任

　　许尤佳教授是广东省中医院儿科学科带头人，长期从事中医儿科及中西医儿科的临床医疗、教学、科研工作，尤其在小儿哮喘、 儿科杂病、儿童保健等领域有深入研究和独到体会。特别是其"儿为虚寒体"的理论，在中医儿科界独树一帜，对岭南儿科学，甚至全国儿科学的发展起到了带动作用。近年来对"升气壮阳法"进行了深入的研究，并运用此法对小儿哮喘、鼻炎、湿疹、汗证、遗尿等疾病进行诊治，体现出中医学"异病同治"的特点与优势，疗效显著。

　　先后发表学术论文30多篇，主编《中医儿科疾病证治》《专科专病中医临床诊治丛书——儿科专病临床诊治》《中西医结合儿科学》七年制教材及《儿童保健与食疗》 等，参编《现代疑难病的中医治疗》《中西医结合临床诊疗规范》等。主持国家"十五"科技攻关子课题3项，国家级重点专科专项课题1项，国家级名老中医研究工作室1项等，参与其他科研课题20多项。获中华中医药科技二等奖2次， "康莱特杯"著作优秀奖，广东省教育厅科技进步二等奖及广州中医药大学科技一等奖、二等奖。

　　长年活跃在面向大众的育儿科普第一线，为广州中医药大学第二临床医学院（广东省中医院）儿科教研室制作的在线开放课程《中医儿科学》的负责人及主讲人，多次受邀参加人民网在线直播，深受家长们的喜爱和信赖。

PRE**FACE**
前言

　　俗语说"医者父母心"，行医之人，必以父母待儿女之爱、之仁、之责任心，治其病，护其体。但说到底生病是一种生理或心理或两者兼而有之的异常状态，医生除了要有"医者仁心"之外，还要有精湛的技术和丰富的行医经验。而更难的是，要把这些专业的理论基础和大量的临证经验整理、分类、提取，让老百姓便捷地学习、运用，在日常生活中树立起自己健康的第一道防线。婴幼儿乃至童年是整个人生的奠基时期，防治疾病、强健体质尤为重要。

　　鉴于此，广东科技出版社和岭南名医、广东省中医院儿科主任、中医儿科学教授许尤佳，共同打造了这套"许尤佳育儿丛书"，包括《许尤佳：育儿课堂》《许尤佳：小儿过敏全防护》《许尤佳：小儿常见病调养》《许尤佳：重建小儿免疫力》《许尤佳：实用小儿推拿》《许尤佳：小儿春季保健食谱》《许尤佳：小儿夏季保健食谱》《许尤佳：小儿秋季保健食谱》《许尤佳：小儿冬季保健食谱》《许尤佳：小儿营养与辅食》全十册，是许尤佳医生将30余年行医经验倾囊相授的精心力作。

　　《育婴秘诀》中说："小儿无知，见物即爱，岂能节之？节之者，父母也。父母不知，纵其所欲，如甜腻粑饼、瓜果生冷之类，无不与之，任其无度，以致生疾。虽曰爱之，其实害之。"0~6岁的小孩，身体正在发育，心智却还没有成熟，不知道什么对自己好、什么对自己不好，这时父母的喂养和调护就尤为重要。小儿为"少阳"之体，也就是脏腑娇嫩，形气未充，阳气如初燃之烛，波动不稳，易受病邪入侵，病后亦易于耗损，是为"寒"；但小儿脏气清灵、易趋康复，病后只要合理顾护，也比成年人康复得快。随着年龄的增加，身体发育成熟，阳气就能稳固，"寒"是假的寒，故为"虚寒"。

在小儿的这种体质特点下，家长对孩子的顾护要以"治未病"为上，未病先防，既病防变，瘥后防复。脾胃为人体气血生化之源，濡染全身，正所谓"脾胃壮实，四肢安宁"，同时脾胃也是病生之源，"脾胃虚衰，诸邪遂生"。脾主运化，即所谓的"消化"，而小儿"脾常不足"，通过合理的喂养和饮食，能使其健壮而不易得病；染病了，脾胃健而正气存，升气祛邪，病可速愈。许尤佳医生常言：养护小儿，无外乎从衣、食、住、行、情（情志）、医（合理用药）六个方面入手，唯饮食最应注重。倒不是说病了不用去看医生，而是要注重日常生活诸方面，并因"质"制宜地进行饮食上的配合，就能让孩子少生病、少受苦、健康快乐地成长，这才是爸爸妈妈们最深切的愿望，也是医者真正的"父母心"所在。

本丛书即从小儿体质特点出发，介绍小儿常见病的发病机制和防治方法，从日常生活诸方面顾护小儿，对其深度调养，尤以对各种疗效食材、对症食疗方的解读和运用为精华，父母参照实施，就可以在育儿之路上游刃有余。

目录　CONTENTS

PART 01

家长需要掌握的育儿基础知识

2	**正确认识小儿生理病理特点**
2	中医关于小儿生理、病理特点的描述
6	西医对小儿生理特点的理解
17	**妈妈必知！胎儿期至幼儿期的保健常识**
17	胎儿期保健要从哪 8 个方面进行?
21	新生儿保健要点
24	婴儿期保健
29	幼儿期保健
33	【育儿小课堂】"每天 10 秒钟"判断孩子消化情况
35	**小儿日常与疾病护理是育儿的必修课**
35	如何给宝宝测量体温
36	宝宝的五官清洁护理
40	**小儿中药、中成药使用指南**
40	有关中药、中成药的副作用

目录　CONTENTS

41 ｜ 不能随意给小儿用的中药、中成药

42 ｜ 重视食疗，而不是重视用药

PART 02

家长最关心的育儿热点话题

46 ｜ 宝宝断奶

46 ｜ 给孩子母乳喂养到几岁最好?

47 ｜ 宝宝何时断奶较好?

47 ｜ 渐进式断奶是最好的方式

49 ｜ 小儿长牙期间护理

50 ｜ 关于孩子长牙的错误做法

50 ｜ 孩子长牙晚怎么办

51 ｜ 孩子长牙慢千万不能乱用药

52 ｜ 小儿体内有寄生虫

52 ｜ 判断孩子是否有寄生虫的简便方法

52 ｜ 驱虫的方法

目录 CONTENTS

55 | **宝宝怎么喜欢趴着睡?**

55 | 孩子俯卧优缺点

56 | 哪些孩子不适合俯卧

56 | 哪些孩子很适合俯卧

56 | 家长应该注意的事

57 | **小儿磨牙**

57 | 夜间磨牙危害多

57 | 找准原因解决孩子的磨牙问题

59 | 预防磨牙的措施

60 | **小儿手足口病**

60 | 什么是手足口病

60 | 手足口病、疱疹性咽峡炎、感冒的区分

61 | 如何预防手足口病

61 | 小儿患上手足口病该怎么做?

63 | 应对手足口病的食疗方

64 | **登革热**

64 | 什么是登革热

目录 CONTENTS

65 | 登革热的治疗措施

65 | 登革热的注意事项

66 | 宝宝红屁股

66 | 什么是红屁股（尿布疹）？

66 | 如何预防红屁股？

68 | 小儿抗生素使用

68 | 抗生素使用的 9 个误区

70 | 抗生素使用的注意事项

71 | 如何给孩子补充营养

71 | 营养品补充问题

73 | 给孩子补充保健品、营养素的总原则

74 | 正确补钙

75 | 正确补充维生素 D

77 | 正确补锌

78 | 正确补铁

79 | 关于益生菌和乳铁蛋白

目录　CONTENTS

PART 03

如何让孩子少感冒、少发烧、睡眠好?

82	**感冒（流感）最全应对策略**
82	感冒是怎么回事
82	预防孩子感冒有哪些措施
84	及时发现孩子生病的征兆
86	重视辨证食疗
88	区分感冒的不同程度
90	**孩子经常发烧，如何从容应对?**
90	发烧是怎么回事
91	孩子什么情况下会"烧坏"
92	如何帮助孩子退烧
96	孩子发烧吃什么才是对的?
97	宝宝反复发烧怎么办?
99	专家连线，孩子发烧常见问答
100	**宝宝睡得好，家长少烦恼**
100	婴幼儿睡眠常识

目录　CONTENTS

101 | 睡眠对宝宝的重要性

102 | 睡眠问题及其原因

103 | 如何培养宝宝安睡

106 | 用小儿推拿帮助孩子睡得香

111 | 从一个典型案例剖析孩子的睡眠问题

PART 04

家长应避免的育儿误区

114 | 误区一：奶粉有"热"，要给孩子多喝凉茶

115 | 误区二：七星茶是小儿开胃消滞良药，适合经常饮用

116 | 误区三：小儿眼屎多，是上火了

116 | 误区四：孩子常打嗝是吃得太饱了

117 | 误区五：刚出生的宝宝，吃奶不易饱，得进食淮山米粉

117 | 误区六：孩子夜间哭闹一定是肚子里长虫了

118 | 误区七：怕孩子着凉，要多穿衣服

119 | 误区八：夜晚睡不安稳是受惊过度，要用布袋压着心口入睡

120 | 误区九：孩子溢奶就是呕奶

目录 CONTENTS

122 | 误区十：洗澡频率越高越好

123 | 误区十一：宝宝的辅食食材越多样化越好

124 | 误区十二：孩子吃得越多长得越快

125 | 误区十三：给孩子吃人参、鹿茸等补品以增强体质

126 | 误区十四：孩子脾气大要多喝凉茶下火

127 | 误区十五：厌食是胃火不足

128 | 误区十六：用牛奶（母乳）洗脸能让宝宝的皮肤更好

129 | 误区十七：口对口喂食对孩子有好处

130 | 误区十八：给宝宝含奶嘴停止哭闹

131 | 误区十九：频繁地给小宝宝更换奶粉

PART 05

小儿意外伤害与急救

134 | **吞入异物**

134 | 婴儿适用海姆立克急救法

135 | 幼儿适用海姆立克急救法

136 | 【育儿小课堂】心肺复苏术

目录 CONTENTS

139 | **鱼刺卡喉**

139 | 急救方法

141 | **昆虫叮咬**

141 | 急救方法

142 | **烫伤**

142 | 急救方法

143 | 【育儿小课堂】烧（烫）伤的深浅分度与轻重分级说明

145 | **溺水**

145 | 急救方法

146 | 【育儿小课堂】恢复体位

148 | **触电**

148 | 急救方法

149 | **家庭实用小药箱**

149 | 实用药物

152 | 医疗护理用品

153 | 小药箱使用安全指南

PART 01

家长需要掌握的
育儿基础知识

正确认识小儿生理病理特点

中医关于小儿生理、病理特点的描述

　　小儿不是成年人的缩影。不同年龄段的小儿有不同的生长发育规律，表现出不同的生理现象。同样的疾病，小儿与成年人有差异；各个年龄段小儿疾病的病理特征也有区别。只有了解小儿生理特点，熟悉和掌握小儿各个时期的生长发育规律，才能对具体小儿的体质及生长发育情况做出正确判断，从而指导小儿的保健以及疾病的辨证治疗。中医将小儿生理特点和病理特点高度概括为 32 个字：脏腑娇嫩，形气未充，生机蓬勃，发育迅速，发病容易，传变迅速，脏气清灵，易趋康复。熟记小儿的生理、病理特点，对于疾病的诊治、预防和儿童保健具有重要意义。

1. 生理特点

（1）脏腑娇嫩，形气未充

　　小儿的五脏六腑稚嫩柔弱且不成熟，一切有形之体包括脏腑、四肢、百骸、皮毛、五官、筋脉、经络等结构，与精、气血、津液等人体赖以生存的基本物质，还有人体各种生理功能的活动，即无形之物，如肺气、肾气、脾气等都相对不足。

　　特点：清代医家吴鞠通根据阴阳理论及小儿生理情况，将小儿"脏腑娇嫩，形气未充"

的特点概括为"稚阴稚阳"（《温病条辨·解儿难》），即机体柔嫩、经脉未盛、气血未充、神气怯懦、脾胃薄弱、肾气未满、精气未足、筋骨未坚，所以小儿的整体适应性、生活能力和自我调节能力也较低下。

（2）生机蓬勃，发育迅速

古人以草木和太阳比喻人的一生，小儿时期就犹如初破土之草木和冉冉升起之太阳。无论是在机体的形态结构方面，还是在生理功能方面，小儿都在不断地向着成熟和完善的方向极速发展，且年龄越小，生长速度越快。

特点：古代医家将小儿"生机蓬勃，发育迅速"的特点概括为"纯阳"，《颅囟经·脉法》有"凡孩子3岁以下，呼为纯阳"的记载。"阳"代表生长、发育、上升、功能，"纯"言其旺盛，言其迅速，言其主导地位。需要注意的是，中医认为小儿为"纯阳"并非指小儿只有"阳"而没有"阴"，"纯阳"所指的是小儿的发育状态，既有功能，又有阳气，也包含了血液、骨髓及各种阴液的生成与壮大。

2.病理特点

（1）发病容易，传变迅速

由于小儿脏腑娇嫩，其自护、调节、适应、防御等能力均不足，病邪容易入侵，尤其是感冒、咳嗽、哮喘、腹泻、便秘、乳蛾、黄疸、鼻渊、风疹等，更是小儿时期的常见病和多发病。

特点：小儿一旦患病，很容易传变。如普通发热易演变为厥证、脱证；感受风寒，常常热化，甚则引发肺炎、喘嗽。且常常在一日之内，证型数变，且每每虚实夹杂，寒热交错，不利于小儿疾病的治疗。

（2）脏气清灵，易趋健康

小儿患病虽有传变迅速、病情易转恶化的一面，但由于小儿生机旺盛，再生与修复力强，且脏气清灵，对外界刺激较为敏感，加之病因单纯，又少七情之害、色欲之伤，因而在患病之后，只要诊断正确、治疗得法，病情较易好转，身体较易恢复。

特点：小儿生机勃勃、活力充沛，如果病因单纯或疾病初次发生，未成宿疾则少有忧患，身体能较快恢复健康。

总而言之，科学认识小儿的生理病理特点才能在孩子生病时有目的地运用合理的方法，包括饮食、用药、推拿等来缓解病情从而治愈，提升体质。

3. 古代儿科名医对小儿生理、病理特点的认识

从古到今，从事儿科临床研究的医家都高度重视小儿的生理、病理特点，正所谓"知常达变"，只有了解小儿的特点才能做到合理育儿，让孩子健康成长。我国古代医家在对小儿生理、病理特点方面的研究很多，提出了许多具有指导意义的学术观点，积累了丰富的经验，给后世很大的启迪与指导。

唐代孙思邈指出："天和暖无风之时，令母将儿抱日中嬉戏，数见风日，则血凝气

刚，肌肉牢密，堪耐风寒，不致疾病。若常藏于帏帐之内，重衣温暖，譬如阴地之草木，不见风日，软脆而不任风寒。"

宋代钱乙提出小儿"五脏六腑，成而未全，全而未壮"的观点，认为小儿"脏腑柔弱，易虚易实，易寒易热"。这些观点为以后中医儿科学确立小儿生理、病理特点提供了理论依据。钱乙被后世尊称为"儿科始祖""儿科之圣"。

宋代陈文忠在预防小儿生病方面特别注重小儿的饮食喂养问题，主张"吃热不吃冷，吃液体不吃固体，吃小量不吃过量"，提出"忍三分寒，吃七分饱"的观点。

明代万全在治疗小儿疾病特别重视保护胃气，提出"五脏六腑以胃气为本，赖其滋养，如五脏有病，或泻或补，慎勿犯胃气"。他在钱乙"脏腑辨证"的基础上提出的小儿"五脏之中肝常有余，脾常不足，肾常虚"和"心常有余而肺常不足"的观点，高度概括了小儿生理、病理特点，对于小儿的保育与疾病防治具有重要意义。

元代曾世荣善于把自己的学术观点以歌诀形式表现出来，朗朗上口，易于流传，如保健方面的歌诀："四时欲得小儿安，常须两分饥与寒，但愿人皆依此法，自然诸病不相干。"

4. "纯阳之体""稚阴稚阳"与"虚寒体质"之间的关系

（1）古代关于小儿生理、病理特点的两个学说

"纯阳之体"学说：唐末宋初《颅囟经》首次把小儿生理特点用"纯阳"来描述，指出"凡小儿三岁以下，呼为纯阳，元气未散"，是形容小儿"生机蓬勃，发育迅速"的特点。

"稚阴稚阳"学说：清代吴鞠通在他的代表作《温病条辨·解儿难》中高度概括小儿体质特点为"稚阳未充，稚阴未长者也"，代表的是小儿另一个生理特点——"脏腑娇嫩，形气未充"。

"纯阳之体"与"稚阴稚阳"之间的关系："稚阴稚阳"学说表述的是小儿机体柔弱，

阴阳二气均较幼稚，形体和功能未臻完善的一面；"纯阳"之说则是指其生机蓬勃，发育迅速的一面。由于稚阴稚阳，才需要迅速生长；由于生长旺盛，又使小儿形与气、阴与阳均显得相对不足，二者共同构成了小儿生理特点的两个方面。"稚阴稚阳"学说是"纯阳"学说在理论上的发展，都在阴阳学说范畴内，从不同角度反映了小儿生理特点，同时也为阐明小儿病理特点、指导临床治疗提供了重要的理论依据。

（2）关于小儿"虚寒体质"的认识

本书在纯阳学说和稚阴稚阳的基础上，经多年的临床经验提出"儿为虚寒"的观点。所谓"虚寒"，就是指小儿体质之"寒"是由于出生以后"阳气不足"、功能未成熟所致，是随年龄的逐渐增长而不断充盛和完善的，是假的"寒"，所以，生活中应注意适时给孩子温阳益气，慎用寒凉清热、攻伐太猛之药或饮食。对于儿童"虚寒"，可以理解为蜡烛初燃时，火势不猛且极不稳定，易受外界因素的影响而波动。所以，小儿不能过度进补、过用凉茶、随意吊针补液、过多使用消炎药、过度穿着等，这些行为均会损耗阳气，让机体更加"虚寒"，会严重影响小儿的生长发育和抗病能力。

● 西医对小儿生理特点的理解

西医儿科学是研究自胎儿至青少年这一时期小儿生长发育、卫生保健及疾病防治的一门综合性医学学科。进入19世纪，西方近代医学才开始发展，德国儿科起步较早，在婴儿喂养、传染病诊治方面有一定贡献，随后法国、英国、美国接踵而起，并发展迅速，如开始按能量计算营养的需要，用白喉抗毒素治疗抢救白喉患儿、分离出脊髓灰质炎病毒及确认引起婴幼儿腹泻的大肠杆菌等，此时儿童心理学研究亦已开始。1896年Holt所著的《儿科学》是美国儿科医学方面的第一本教科书，成为儿科的经典著作。20世纪初，西医儿科学除了进一步研究婴幼儿营养、小儿营养性疾病外，还重视婴幼儿腹泻与电解质平衡。20世纪50年代后研究重点移向新生儿疾病、血液病、遗传代谢性疾病、免疫性疾病、内分泌疾病等疑难病症。

19 世纪下半叶，许多外国人来中国开办诊所、医院，加快了西方医学在我国的传播，使我国的医学包括儿科学发生了巨大的变化。辛亥革命后，我国开始创办新式医学院校。20 世纪 40 年代，医院中开始设立儿科，逐渐培养了不少儿科医生。1943 年，我国儿科专家诸福棠编写的《实用儿科学》是我国最早的一部儿科学著作，为西方医学儿科领域在中国的发展奠定了基础。

整个小儿阶段一直处在不断生长发育的过程中，而且年龄越小，这种特点越明显，与成年人的差别越大，因此绝不能将小儿简单地看成是成年人的缩影。关于这方面的相关医学研究主要具有以下特点：

第一是广泛的医学基础。与西医儿科学有关的基础学科有胚胎学、解剖学、生理学、生物化学、病理学、药理学、遗传学、免疫学、微生物学、营养学、心理学等。这些基础学科把对于小儿的生理、病理特点的认识，由宏观引向微观，从而深化了人们的认识。

第二是临床方面的特点。主要表现在小儿的疾病种类、疾病的临床表现、诊断、治疗、预后和预防等方面均与成年人明显不同。所以，只有正确认识儿科的学科属性及小儿的生理特点，才能做到科学育儿，准确诊治疾病，保护小儿健康成长。

1. 免疫系统

免疫是机体的生理性保护机制，其本质为识别自我、排除异己，具有免疫防御、免疫监视和免疫清除三大功能。免疫功能失调可致异常免疫反应，即变态反应、自身免疫反应、免疫缺陷和发生恶性肿瘤。

机体的免疫反应由免疫系统来执行。免疫系统包括免疫器官、免疫细胞和免疫分子。免疫系统借助免疫器官、细胞和分子，通过抗原提呈、淋巴细胞增殖、免疫效应、淋巴细胞凋亡四个阶段完成免疫反应，发挥对抗原的效应。

若免疫细胞和免疫分子异常，可发生异常的免疫反应：免疫功能亢进，发生炎症、过敏性和自身免疫性疾病。反之，免疫功能低下则易发生免疫缺陷和肿瘤。

小儿的免疫状况与成年人明显不同，导致儿童疾病的特殊性。过去一度认为小儿时期免疫系统发育不成熟，通过研究，现已发现人在出生时免疫器官和免疫细胞已经相当成熟，免疫功能低下可能为尚未充分接触抗原所致。

2. 循环系统

循环指的是以心脏、血管为核心的系统

循环功能。胎儿的心脏何时开始发育？原始心脏于胚胎第 2 周后开始形成，约于第 4 周起有循环作用，至第 8 周房室长成，即成为四腔心脏。先天性心脏畸形的形成主要就是在这一时期。原始的心脏出口是一根动脉总干，在总干的内层对侧各长出一纵隔，两者在中央轴相连，将总干分为主动脉与肺动脉。由于该纵隔自总干分支处成螺旋形向心室生长，使肺动脉向前、向右旋转与右心室连接，主动脉向左、向后旋转与左心室连接。如该纵隔发育遇到障碍，分隔发生偏差或扭转不全，则可能会造成主动脉骑跨或大动脉错位等畸形。

正常胎儿循环：胎儿时期的营养和气体代谢是通过脐血管和胎盘与母体之间以弥散方式而进行交换的。由胎盘来的动脉血经脐静脉进入胎儿体内，至肝脏下缘，约 50% 的血流入肝与门静脉血流汇合，另一部分经静脉导管入下腔静脉，与来自下半身的静脉血混合，共同流入右心房。由于下腔静脉瓣的阻隔，使来自下腔静脉的混合血（以动脉血为主）入右心房后，约 1/3 经卵圆孔入左心房，再经左心室流入升主动脉，主要供应心脏、脑及上肢，其余的流入右心室。从上腔静脉回流、来自上半身的静脉血，入右心房后绝大部分流入右心室，与来自下腔静脉的血一起进入肺动脉。由于胎儿肺脏处于压缩状态，故只有少量肺动脉的血流入肺脏经肺静脉回到左心房，而约 80% 的血液经动脉导管与来自升主动脉的血汇合后，进入降主动脉（以静脉血为主），供应腹腔器官及下肢，同时经过脐动脉回至胎盘，换取营养及氧气。故胎儿期供应脑、心、肝及上肢的血氧量远较下半身高。

出生后血循环的改变：出生后脐血管被阻断，呼吸建立，肺泡扩张，肺小动脉管壁肌层逐渐退化，管壁变薄并扩张，肺循环压力下降；从右心房经肺动脉流入肺脏的血液增多，使肺静脉回流至左心房的血量也增多，左心房压力因而增高。当左心房压力超过右心房时，卵圆孔瓣膜先在功能上关闭，到出生后 5 ~ 7 个月，解剖上大多闭合。自主呼吸使血氧增高，动脉导管壁平滑肌受到刺激后收缩，同时，低阻力的胎盘循环由于脐带结扎而终止，体循环阻力增高，动脉导管处逆转为由左向右分流，高动脉氧分压加上出生后体内前列腺素的减少，使导管逐渐收缩、闭塞，最后血流停止，成为动脉韧带。约 80% 的足月儿在出生后 24 小时形成功能性关闭。约 80% 的婴儿于出生后 3 个月内、95% 的婴儿于出生后 1 年内形成解剖上关闭。若动脉导管持续未闭，可认为有畸形存在。脐血管则在血流停止后 6 ~ 8 周完全闭锁，形成韧带。

3. 呼吸系统

呼吸频率与节律：小儿呼吸频率快，而且年龄越小，频率越快。小儿肺脏容量按体表面积计算约为成年人的 1/6，但由于新陈代谢旺盛，需氧量接近成年人，为满足机体代谢的需要，只能以增加呼吸频率来进行代偿；加之受小儿胸廓解剖特点的限制，婴幼儿由于呼吸中枢发育尚未完善，呼吸调节功能差，容易出现呼吸节律不整，可有间歇、暂停等现象，以早产儿或新生儿更为明显。

呼吸型：婴幼儿呼吸肌发育不全，呼吸时肺主要向膈肌方向移动，呈腹膈式呼吸。此后随小儿站立行走，膈肌与腹腔器官下移，肋骨由水平位变为斜位，呼吸肌也随年龄增长而渐发达，2 岁时开始出现胸腹式呼吸，7 岁以后则以混合式呼吸为主。

呼吸功能的特点：

肺活量：指一次深吸气后的最大呼气量，小儿肺活量为 50 ~ 70mL/kg。它受到呼吸肌强弱、肺组织和胸廓弹性以及气道通畅程度的影响，同时也和年龄、性别、身材等因素有关。在安静时，年纪稍大婴儿仅用肺活量的 12.5% 来呼吸，而年幼婴儿则需用 30% 左右，说明小儿呼吸功能储备量较小，因此易发生呼吸衰竭。

潮气量：指安静呼吸时每次吸入或呼出的气量。小儿肺容量小，安静呼吸时其潮气量仅为成年人的 1/2。而且年龄越小，潮气量越少。

每分钟通气量：指每分钟呼吸频率和潮气量的乘积。正常婴幼儿由于呼吸频率较快，虽然潮气量小，但如按体表面积计算，每分钟通气量与成年人相近。

呼吸道免疫特点：小儿呼吸道的非特异性及特异性免疫功能均较差。呼吸道的防御机制始于鼻道，鼻毛能阻挡较大的外来异物。鼻黏膜富有血管，产生的湿化作用也可使吸水性颗粒增大，以利吞噬细胞吞噬，而婴儿不仅缺乏鼻毛，鼻道黏膜下层血管又较丰富，易充血肿胀而阻塞鼻道。其次，气管黏膜上皮细胞均有纤毛突起，纤毛一致不断地向后摆动，将粘有病原体等异物的黏液痰排出呼吸道，而婴幼儿的此种防御机制及咳嗽反射功能发育不够成熟。此外，婴幼儿时期肺泡巨噬细胞功能不足，辅助性 T 细胞功能暂时低下，使分泌型 IgA、IgG，尤其是 IgG_2 含量低微。此外，乳铁蛋白、溶菌酶、干扰素及补体等的数量和活性不足，故易患呼吸道感染。

4. 泌尿系统

泌尿系统的功能是将人体代谢过程中产生的废物和毒素通过尿的形式排出体外以维持机体内环境的相对稳定。肾脏是尿生成的重要器官，不仅可将体内的代谢终末产物如尿素、有机酸等排出体外，而且对调节体内水与电解质和维持血液的酸碱平衡都有很重要的作用。肾脏还具有内分泌作用，可分泌激素和生物活性物质，如肾素、促红细胞生成素、前列腺素、1，25- 二羟骨化醇 $[1，25-(OH)_2D_3]$，参与调节血压、红细胞的生成和钙的吸收。肾脏主要通过肾小球滤过和肾小管重吸收、分泌及排泄完成其生理活动。小儿肾脏虽具备大部分成年人肾脏的功能，但其发育是由未成熟逐渐趋向成熟的。在胎龄 36 周时肾单位数量已达到成年人水平，出生后已基本具备上述功能，但调节能力较弱，储备能力差，一般 1 ~ 1.5 岁时才达到成年人水平。一般情况下，年龄越小排尿次数越多，1 岁时每天排尿 15 ~ 16 次，到了学龄前和学龄期每天 6 ~ 7 次。若新生儿尿量每小时少于 1.0mL/kg 为少尿，每小时少于 0.5mL/kg 为无尿。儿童排尿每天少于 400mL/m² 时为少尿，每天少于 50mL/m² 时为无尿。

肾的各组成部分之间有密切联系。损伤时会相互影响，一部分的病变可引起其他部分的损害。因此，往往在肾疾病晚期，各个部分都已被破坏。肾小球不能再生，损伤后只能由存留的肾单位肥大来代偿损失的功能，所以肾小球发生严重的弥漫性病变时可造成严重后果。肾小管的再生能力很强，发生损伤时，如及时再生可恢复功能。肾的代偿储备能力很大，因此肾功能障碍往往在病变比较严重时才会表现出来，有时已到疾病晚期，所以注意早期可能出现的症状非常重要。

5. 消化系统

口腔：口腔是消化道的起端，具有吸吮、咀嚼、消化、吞咽、味觉、感觉、语言等功能。足月新生儿舌及双颊部脂肪垫发育良好，出生后即能吮乳及吞咽，早产儿则较差。新生儿及婴幼儿口腔黏膜薄嫩，血管丰富，唾液腺发育不够完善，唾液分泌少，口腔黏膜较干燥，局部易受损伤及感染。3 ~ 4 个月时唾液分泌量开始增多，但婴儿口底浅，尚不能及时吞咽所分泌的全部唾液，常发生生理性流涎。

注意，3 个月以下小儿唾液中淀粉酶含量低，不宜喂食淀粉类食物。

食管：食管有推进食物和液体由口入胃并防止吞下期间胃内容物反流的功能。新生儿和婴儿的食管呈漏斗状，黏膜纤弱、腺体缺乏、弹力纤维和肌层尚不发达，食管下段贲门括约肌发育不成熟，易发生胃食管反流，吮奶时常因吞咽过多空气而发生溢奶，该情况一般随年龄增长逐渐减轻。

胃：胃有贮存、运动和分泌功能，可贮纳食物，将其磨碎并与胃液充分混合，形成食糜，并调节食糜进入十二指肠的速度。胃容量在出生时为 30～60mL，1～3 个月时 90～150mL，1 岁时 250～300mL，5 岁时 700～850mL，成年人约为 2 000 mL。新生儿和婴儿胃呈水平位，直立行走后变为垂直位。胃平滑肌发育尚未完善，在充满液体食物后易使胃扩张。由于胃幽门括约肌发育较好，而贲门和胃底部肌张力低，故易发生幽门痉挛而出现呕吐。胃排空时间随食物种类不同而异：稠厚含凝乳块的乳汁排空慢，糖类、冷饮等排空快；水的排空时间为 1.5～2 小时，母乳 2～3 小时，牛奶 3～4 小时。早产儿胃排空更慢，易发生胃潴留。新生儿胃酸和各种酶分泌较成年人少且活性低，消化功能差。

肠：小肠的主要功能包括运动（蠕动、摆动、分节运动）、消化、吸收及免疫保护；大肠的主要功能是贮存食物残渣、进一步吸收水分以及形成粪便。小儿肠管相对比成年人长，一般为身长的 5～7 倍。小儿肠黏膜肌层发育差，肠系膜软而长，结肠无明显结肠带与脂肪垂，升结肠及直肠与后腹壁固定差，易发生肠扭转和肠套叠。早产儿的肠蠕动协调能力差，易发生粪便滞留甚至功能性肠梗阻。婴幼儿肠黏膜屏障功能差，肠壁薄，血管丰富且通透性高，肠内细菌、毒素、消化不全产物和过敏源等可经肠黏膜进入体内，引起全身感染和变态反应性疾病。婴幼儿结肠较短，不利于水分吸收，故婴儿大便多不成形而为糊状。小儿乙状结肠和直肠相对较长，是造成小儿便秘的原因之一，直肠黏膜与黏膜下层固定差，肌肉发育不良，易发生肛门、直肠黏膜脱垂。小儿大脑皮层功能发育不完善，进食时常引起胃—结肠反射，产生便意，所以小儿大便次数多于成年人。

胰腺：胰腺分为内分泌部及外分泌部，前者分泌胰岛素主要控制糖代谢；后者分泌胰腺液，分泌量随年龄增长而增加，至成年人每天可分泌 1 ~ 2L，内含各种消化酶，酶类出现的顺序依次为：胰蛋白酶、糜蛋白酶、羧基肽酶、脂肪酶和淀粉酶。新生儿胰液所含脂肪酶活性不高，2 ~ 3 岁才接近成年人水平。婴幼儿时期胰腺液的分泌易受炎热天气和各种疾病的影响而被抑制，容易产生消化不良。

肝脏：肝脏有排泌胆汁，调节碳水化合物、蛋白质、脂肪、维生素、激素、铁、铜等物质代谢及生物转化作用。年龄愈小，肝脏相对愈大。婴幼儿在右锁骨中线肋缘下可触及肝下缘，边缘钝，质地柔软，无压痛，不超过 2cm；儿童期肋缘下一般不应触及肝脏。在剑突下，从出生后到 7 岁可触及 2 ~ 2.5cm 的肝脏。婴儿肝脏血管丰富，肝细胞和肝小叶分化不全，屏障功能差，易受各种不利因素的影响，如缺氧、感染、药物中毒等均可使肝细胞发生肿胀，脂肪浸润、变性、坏死、纤维增生而肿大，影响其正常功能。肝细胞再生能力强，不易发生肝硬化。婴儿时期胆汁分泌较少，故对脂肪的消化、吸收功能较差。小儿肝糖原储存相对较少，易因饥饿而产生低血糖。

肠道细菌：刚出生的新生儿肠道内无菌，出生后数小时细菌即从口、鼻、肛门入侵至小儿肠道，主要分布在结肠和直肠。肠道菌群受食物成分影响，母乳喂养的婴儿以乳酸杆菌和双歧杆菌为主；人工喂养和混合喂养的婴儿肠内的大肠杆菌、嗜酸杆菌、双歧杆菌及肠球菌所占比例几乎相同。断乳后，小儿肠道内菌群逐渐变化，发展为以厌氧菌为主的稳定菌群。正常肠道菌群对侵入肠道的致病菌有一定的拮抗作用。婴幼儿肠道正常菌群脆弱，易受许多内外因素影响，如大量使用广谱抗生素，可使正常菌群的平衡失调，导致消化功能紊乱。另外，消化道功能紊乱时，肠道细菌大量繁殖，可进入小肠甚至胃内成为致病菌。

健康婴幼儿粪便：食物进入消化道至粪便排出时间因年龄而异，母乳喂养的婴儿平均为 13 小时，人工喂养的婴儿平均为 15 小时，成年人平均为 18 ~ 24 小时。

胎粪：多于出生后 12 小时内开始排胎便，出生后 24 小时以上未排胎便者为胎便排出延迟；胎便呈黑绿色，黏稠无味，正常进乳后 2 ~ 4 天渐变为普通婴儿粪便。

人乳喂养儿粪便：为黄色或金黄色，呈均匀糊状或带少许粪便颗粒，或较稀薄，绿色，有酸味，不臭，呈酸性反应（pH4.7 ~ 5.1），每天排便 2 ~ 4 次，一般在添加辅食后粪便变稠、次数减少。

人工喂养儿粪便：为淡黄色或灰黄色，较干稠，呈中性或碱性反应（pH6 ~ 8）。因牛奶含蛋白质较多，粪便有明显的蛋白质分解产物的臭味，有时可混有白色酪蛋白凝块。每天排便 1 ~ 2 次，易发生便秘。但如果只是排便间隔超过 48 小时，不伴任何痛苦，不应视为便秘。

混合喂养儿粪便：混合喂养儿粪便与喂牛乳者相似，但较软、黄。添加淀粉类食物可使大便增多，稠度稍减，稍呈暗褐色，臭味加重。添加各类蔬菜、水果等辅食时大便外观与成年人粪便相似，初加菜泥时，常有少量绿色便排出，继用数天后，绿色渐次减少，便次每天 1 次左右。

6. 神经系统

　　小儿神经系统发育最早，发育亦迅速。出生时脑总量平均为370g，占体重的1/9～1/8，已达成年人脑重（约1500g）的25%；6个月时脑重400～700g；1岁时约为出生时的2倍，达成年人脑重的50%；2岁时达900～1000g；7岁时已接近成年人脑重。在解剖学上，出生时小儿大脑外观已具备了成年人脑所具备的沟和回，但比成年人浅，在组织学上也已具备了大脑皮层的6层基本结构，但大脑皮质较成年人薄，细胞分化较差。大脑的神经细胞在出生时已与成年人相同，但轴突与树突形成不足，以后随着年龄的增长，神经细胞体积增大，树突增多加长，细胞功能日益复杂化，3岁时皮质细胞大致分化完成；8岁时已与成年人无太大差别。由于婴儿时期皮质发育尚不完善，皮质下中枢的兴奋性较高，神经髓鞘形成不全，当外界刺激通过神经传入大脑时，在皮质不易形成一个明确的兴奋灶，兴奋与刺激容易扩散。6岁左右，大脑半球的一切神经传导通路几乎都已髓鞘化，身体在接受刺激后可以快速准确地由感官沿着神经通路传到大脑皮质高级中枢。婴儿出生时脊髓已较成熟，重2～6g，其下端达第3腰椎水平（成年人在第1腰椎水平上），4岁时达第1～2腰椎水平，因此做腰椎穿刺时应注意。2岁是髓鞘形成阶段，4岁时已相当成熟，之后仍在缓慢发育直至成年。

妈妈必知！
胎儿期至幼儿期的保健常识

　　小儿生长发育是一个连续的过程，又具有一定的阶段性。医学上根据小儿的不同年龄划分出若干阶段：

- 受孕到分娩共 40 周 , 为胎儿期
- 出生到出生后 28 天 , 为新生儿期
- 出生后 28 天到 1 周岁 , 为婴儿期
- 1 周岁到 3 周岁 , 为幼儿期
- 3 周岁到 7 周岁 , 为幼童期
- 7 周岁到 12 周岁 , 为儿童期
- 女孩子 12~18 岁、男孩子 14~20 岁 , 为青春期

　　在国内，如果 14 周岁以下的孩子出现不适症状，家长应带孩子到医院的儿科接受诊疗。

胎儿期保健要从哪 8 个方面进行？

　　健康宝宝，应该从备孕开始。明代医家万全在《育婴秘诀》中倡导"育婴四法"，即"预养以培其元，胎养以保其真，蓐养以防其变，鞠养以慎其疾"。意思就是预养期是用来

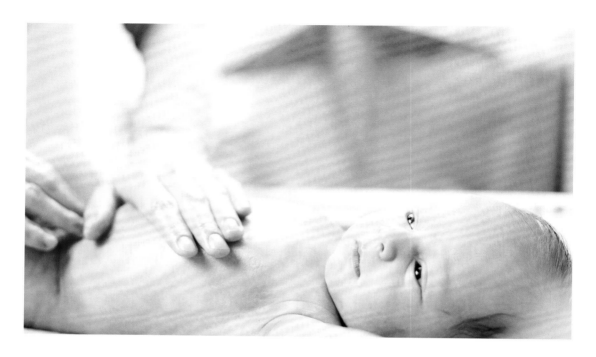

培养胎儿元气的，胎养期是用来确保胎儿正常发育的，注意饮食以防止胎儿发生变化，抚养婴儿要小心婴儿生病。

1. 预养

孕育胎儿前，备孕父母双方要先调节好体质，这样才能为生育健康宝宝打下坚实基础，即所谓的"沃土工程"，所以择偶时配偶的身体条件（高矮、胖瘦、体质好坏、年龄大小等）、婚前检查等都很重要。

《灵枢·天年》中载"人之始生，以母为基，以父为楯"，还有医家万全《幼科发挥·胎疾》中载"人之有生，受气于父，阳之变也，成形于母，阴之合也，阴阳变合成其身""父母强者，生子亦强，父母弱者，生子亦弱"，说的都是这个道理。

2. 胎养

古籍中关于胎养的论述也有很多，说明在很久以前人们就重视胎养，认为胎儿和准妈妈是"同心同体"，如《格致余论·慈幼论》中说："儿之在胎，与母同体，得热则俱热，得寒则俱寒，病则俱病，安则俱安。"《素问·奇病论》："人生而有病巅疾者……病名为胎病。此得之在母腹中时，其母有所大惊，气上而不下，精气并居，故令子发为巅疾也。"

现代医学证明，怀孕前期的 3 个月是胚胎分化和各个组织器官形成的基础期。孕妈妈此时的一些身体不适会影响胎儿的健康，比如病毒性感冒，当细菌病毒通过胎盘进入胎儿体内时就可能会造成胎儿先天性心脏病以及兔唇、脑积水、无脑儿等严重后果，也可能会诱发死胎、流产等。

3. 饮食调养

北齐徐之才提出的"逐月养胎法"讲究孕妇饮食，孙思邈《少小婴孺方》讲述孕妇饮食禁忌，我们有众多的中医典籍，凝聚着各时期医家的智慧。而且市面上销售的现代孕产书籍也非常多，为了孕育出健康的宝宝，准妈妈准爸爸就要多费点心思，多学多思。

4. 调摄寒温

孕妈妈要及时根据气温调整穿着，避免伤风感冒，防止病毒感染导致胎儿畸形、死胎等，尤其是南方地区长期受到台风的影响，经常会忽冷忽热，有时高温干燥有时阴雨连绵。也要留意居室、工作环境中的空气流通，特别是在空调房里，给自己创设一个良好的养胎环境。

5. 避免外伤

孕妇运动时应注意保护自己及胎儿，避免剧烈运动，远离噪声、射线辐射，禁止房事（怀孕前期的 3 个月和怀孕后期的 2 个月）。

6. 劳逸结合

孕期需要"动静相兼"，即怀孕前期的 3 个月需要静养、静坐、静卧，第 4 个月后可以适当做一些轻微的家务活（洗碗、扫地等）、散步等，以利于减轻生产时的疼痛，但忌大幅度运动、劳动。

7. 调节情志

孕妈妈在怀孕五六个月时开始出现烦躁情绪，而且贫血、血压升高、脚部浮肿等一系列的孕期反应也会影响到孕妈妈的心情。孕期神经系统、内分泌系统的变化都使得不少孕妈妈"脾气大"，此时家人的体谅、支持与鼓励是相当重要的。孕妈妈也要懂得用宝宝来调节情绪，当自己心情不好的时候多想想宝宝也会开心，以此令自己及时放松下来。

8. 谨慎用药

孕妈妈从怀孕直到孩子出生，如果这段时间健康无病，是最好的，但不少孕妈妈在这期间可能会患咳嗽、感冒、发烧等小病，孕期用药一定要谨慎，要咨询医生，做到"无病不妄吃药，有病谨慎用药"。尤其是以下这 3 类药须慎用或禁用：毒性药类，如乌头、附子、硫黄、雄黄、蜈蚣等；破血药类，如水蛭、虻虫、麝香等；攻逐药类，如巴豆、牵牛子、大戟、芫花等，防止引起中毒，损伤胎儿。

除了上述提到的中药，孕妇服用西药也要额外小心，最好能咨询医生，尤其是抗生素、激素等药物。关于孕期妈妈需谨慎用药的案例很多，比如欧洲"反应停"案例。"反应停"于 20 世纪 50 至 60 年代初期在全世界广泛使用，它能够有效地抑制女性怀孕早期的呕吐，但也妨碍了孕妇对胎儿的血液供应，导致大量"海豹畸形婴儿"的出生。因此，自 20 世纪 60 年代起，"反应停"作为孕妇止吐药物，就被禁止使用了。

新生儿保健要点

1. 新手爸妈要了解新生儿的几种特殊表现，做好功课就不会紧张、用错方法

（1）"马牙"

"马牙"是新生儿常见的生理现象之一，大多数新生儿在出生后 4～6 周时，口腔上腭中线两侧和齿龈边缘出现一些黄白色的小点，很像是长出来的牙齿，俗称"马牙"或"板牙"，医学上叫作上皮珠。上皮珠是由上皮细胞堆积而成的，是正常的生理现象，不是病，"马牙"不影响新生儿吃奶和乳牙的发育，一般没有不适感，新生儿出生后的数月内会逐渐脱落。

（2）新生儿乳房肿胀

新生儿出生后 3～5 天，出现乳房肿大，通常为双侧对称性肿大，大小不等，有时还会分泌少量乳汁，数量从数滴至 2mL 不等，一般在出生后 8～18 天时最明显，2～3 周自然消失，这种乳房肿大的现象是因为母亲的雌激素、孕激素以及催乳激素进入到胎盘被胎儿吸收后，在这些激素的共同作用下产生的一种正常的生理现象，且不分女婴男婴。一般不需要治疗，更不能用手去挤或搓揉，以免挤伤乳腺组织而引起继发感染。

（3）假月经

部分女婴出生后 5~7 天，家长可能发现宝宝的阴道流出少量血样黏液分泌物，家长往往会感到惊慌失措，但其实不必惊慌。这就是新生儿假月经现象，是由于妊娠后期母亲雌激素进入胎儿体内，出生后突然中断，形成类似月经的出血。属于正常的生理现象，不须做任何处理，一般持续 1~3 天就会自然消失。

（4）"螳螂子"

新生儿口腔内两侧颊部隆起的脂肪垫，有的新生儿更为明显，民间俗称"螳螂嘴"。此脂肪垫有助于新生儿的吸吮，属于新生儿的正常生理现象。随着吸吮期的结束就会慢慢消退，无须特殊处理。更不可擦拭或挑破，以免发生感染。

（5）生理性黄疸

新生儿生理性黄疸是由于体内胆红素浓度过高出现的皮肤黏膜黄染现象。黄疸一般多见于宝宝的颜面部、颈部，随后遍及躯干和四肢。大多在出生后 2～3 天出现，4～5 天时最严重，足月儿一般在 7～10 天消退，早产儿一般在 2～4 周消退。这是新生儿生长过程中的一种正常生理现象，一般没有其他不适症状。如果新生儿出现其他异常临床症状、体征，可能是病理性黄疸，应及时就医。

2. 新生儿的保健护理应做好以下 5 点

（1）拭口洁眼护肤

医院里的护士会给刚出生的小宝宝做好口腔、体表皮肤黏膜的清洁护理。包括口腔中的黏液、羊水、污血及胎粪等，眼睛、耳朵、皮肤皱褶处及二阴中的污物。新手爸妈应每天认真检查宝宝的眼睛及口腔，及时清理眼部分泌物，及早发现口腔疾病并治疗，如口腔炎。新生儿皮肤薄嫩，极易擦伤感染，所以要注重保持日常清洁干燥。

（2）断脐护脐

宝宝的脐带出生时被剪断结扎，脐带残端一般会在 3~7 天内自然脱落。脱落前爸爸妈妈给宝宝洗澡或穿尿布时要注意绕开，做好防湿工作，避免被尿液或水浸湿，预防感染。所以此时给宝宝洗澡不适宜放在有水的盆中，而应一手抱着，另一手用湿毛巾轻轻擦拭。

（3）祛除胎毒

胎毒一词首见于《幼幼集成》："凡胎毒之发，如虫疗、流丹、湿疮、痈疖、结核、重舌、木舌、鹅口、口疮，与夫胎热、胎寒、胎搐、胎黄是也。"

中医理论认为"儿之在胎，与母同体"。胎儿与母体一脉相承，依赖母体的气血滋养得以生长。胎毒，我们可以将其理解为婴儿无法运化、吸纳的来自母体的物质，包括营养和其他元素。《小儿药证直诀》载："多由在胎时，母食肥甘，湿热太过，深入胞中。"与成年人不同，胎儿还不具备成熟的脏腑功能，所以母体能接纳运化的营养元素，尤其是一些难消化、湿热盛的食物，胎儿未必能运化、吸纳，就会积蓄成"疾"。出生后受到一些其他因素的干扰和加速，就会爆发显现出来，即我们所说的胎毒。

民间有很多祛除胎毒的偏方，家长使用时须谨慎。

黄连水清胎毒。黄连苦寒，极为伤阳气，对肠道的影响极大。家长不能自行使用，也不能天天用黄连水给孩子擦舌苔口腔。

过量喂饮金银花水等凉茶。金银花水有去胎毒的作用，但是不会有很好的效果。如果天天给孩子喂，就会伤脾，损伤体质。

谨慎使用各种偏方如"开口茶"或者用面粉揉搓孩子的脸和皮肤等。

特别提醒：

有蚕豆病的宝宝，忌用黄连，慎用金银花。

这里给大家推荐一款温和有效的食疗方——茵术去黄汤。中医认为黄疸主要因湿热结滞形成，而茵陈可以将湿热散开，疏肝解气。又因为茵陈阴气较少，不会助湿邪，同时又寒凉疏散，助肝疏脾。所以它成了治疗黄疸的要药。虽然偏寒，但相对其他药材来说，还是比较平和的。用法：取绵茵陈 5g、白术 8g，以一碗半水煎成 50mL，给宝宝分次服用。

1 天 1 剂，连服 5 ~ 7 天。此为一个宝宝的分量。该方适用于有黄疸的新生儿，蚕豆病宝宝也可服用。

（4）生后开乳

小宝宝出生后应该尽早让他吸吮乳房，以获得乳汁滋养。早期开乳可促进乳汁分泌，对成功哺乳有着重要作用。母乳营养健康，鼓励妈妈们用母乳喂哺孩子，同时做到按需哺乳。

足月顺产的新生儿在出生后 30 分钟左右，妈妈就可以开始用母乳或代乳品（奶粉等）给他喂奶了。而非顺产、早产或多胎低体重的新生儿喂奶时间可以稍微延迟一点，但最迟一般不超过 24 小时。刚刚开奶的妈妈，奶量不多，可以先每次喂 5 分钟，随着乳汁分泌量的增加，以后每次喂奶的时间渐渐增加，从 10 分钟到 15 分钟，最后以 20 分钟为宜。

（5）洗浴衣着

洗浴水温控制在 37~38℃，孩子会觉得更为舒适。新生儿不必天天洗澡，尤其是冬天，小宝宝很容易着凉生病。每次宝宝拉完大便后要用温水将屁股清洗干净。

小宝宝肌肤娇嫩，很容易刮伤、刮破，所以也要重视衣服的选择，民间认为由旧衣服改制的衣服或亲朋好友的小孩穿过的服装是较为适合的。如果购买新衣服，要选择棉质柔软的，也要留心衣服商标、边角线刮伤孩子。小孩子的衣服存放时不要放樟脑，以免樟脑中的茶酚进入红细胞，导致急性溶血或其他严重后果。

● 婴儿期保健

1. 喂养问题

婴儿喂养方法分为母乳喂养、人工喂养和混合喂养 3 种，其中母乳喂养最适合婴儿生长需要。

（1）母乳喂养

●母乳喂养对宝宝的好处

√ 母乳营养均衡，易于吸收，更利于提高宝宝智能与神经的发育

√ 母乳中含有多种免疫球蛋白，可增强宝宝的抗病能力

√ 降低过敏风险

√ 卫生、温度适宜

√ 增进母婴感情

●母乳喂养对妈妈的好处

√ 改善产后的子宫收缩

√ 降低停经前罹患乳腺癌、卵巢癌、子宫癌的风险

√ 降低奶粉消费支出，经济实惠

√ 有助稳定情绪

√ 有助于避孕

母乳喂养，当乳汁分泌较为稳定的时候，每次哺乳时间保持在 15 ~ 20 分钟比较合适。满月之前可以每隔 1 ~ 2 小时喂 1 次，喂奶次数一般维持 1 天 8 次以上。如果一开始不知道应该以什么频率喂奶，可以在宝宝开始哭时（表示肚子饿的时候）进行。三个月左右慢慢调整为 3 ~ 4 小时才喂一次奶。

如果发现宝宝在某段时间内脾胃功能较弱（通过观察大便等），妈妈可以适当调整哺乳方式，及时减轻宝宝肠胃的负担，缩短每次喂奶的时间（由原来的 15 分钟改为 10 分钟左右）、降低奶的浓度、适当喂温水、适当减少喂奶次数等都是很不错的方法。

特别提醒：

母乳禁忌和最佳戒奶时期。如果母亲患有传染病、精神病、严重心肾疾病或消耗性

疾病，又或者是在感冒发热、患乳腺炎期间都不适宜给宝宝母乳喂养。母亲可根据孩子的体质状况，在宝宝 8 ~ 18 个月大时的春季或秋季，挑选较为凉爽舒适的日子，给健康状况较佳的宝宝戒奶。

（2）人工喂养

由于各种原因不能进行母乳喂养，完全采用配方奶或牛奶、羊奶等喂养婴儿，称为人工喂养。

人工喂养强调定时、适温，所采用的代乳品种类包括鲜牛奶、全脂奶粉、人乳化奶粉、淡蒸奶粉、鲜羊奶和其他不含奶的代乳品（大米、小麦或其他谷类磨粉煮成糊加糖）。若使用牛奶调配，6 个月前的宝宝每天饮用量应小于 1 000mL，消化好的时候 700~800mL，消化不好的时候改成 500mL，家长应根据具体的消化情况及时进行调整。

（3）混合喂养

因母乳不足而且无法改善，需添喂牛奶、羊奶或其他代乳品时，称为混合喂养，或称部分母乳喂养。其具体操作可参考母乳喂养和人工喂养。

此外，宝宝在出生后6个月左右，脖子的力量便能支撑起头部，紧接着能够平稳坐好，也开始通过在饭桌上观察来慢慢模仿父母的咀嚼动作，此时牙齿慢慢长出，流口水的现象较为明显，家长可以挑选宝宝身体状况较好（无病痛）的时候，开始宝宝的辅食之旅。

添加辅食能补充母乳中一些营养素的不足，比如铁，还能增强消化功能，为宝宝断奶做准备。

在给宝宝添加辅食的时候，要遵循以下的原则：婴儿时期（1岁以下）以流质为主，幼儿期（1 ~ 3岁）以稀烂、软烂为主；食物从一种到多种，一样一样地增加；由少量开始，逐渐增多；由稀到干，由细到粗，由软到硬，由淡到浓，循序渐进。

●母乳和奶粉的选择

近年来，关于母乳与奶粉哪个更好的讨论逐渐变得热烈起来，尤其是近年来有关国内外奶粉质量问题的一系列事件更是让家长们提心吊胆，生怕自己的孩子吃到有质量问题的奶粉。从科学角度来说，母乳与奶粉各有所长，但母乳是婴幼儿天生的主食，在营养、消化、卫生、防止过敏、方便程度等方面均有优势，所以应大力提倡母乳喂养，而代乳品（如奶粉）是最接近母乳的小儿食物，在母乳不足或需要戒奶的时候，奶粉应该是首选。

● 脂肪含量

母乳中胆固醇含量高，含有能促进脑部发育的 DHA（二十二碳六烯酸，俗称"脑黄金"）和 ARA（花生四烯酸），而在婴儿配方奶粉中上述营养物质含量较少，并且母乳中含有大量的脂肪酶，可以让孩子更容易吸收。据调查，母乳喂养的时间越长，就越能降低孩子在儿童期和成年后出现高胆固醇的概率，且母乳喂养的婴儿智力表现更好，可能与母乳中富含 DHA 有关。

● 蛋白质含量

母乳中主要含乳清蛋白，既有利于消化吸收，又很少会引起孩子对蛋白质的过敏反应，而且母乳中含有特殊的免疫球蛋白，能增强孩子的抵抗能力。相反，市面上大多配方奶粉主要以酪蛋白为主，该蛋白质分子量大，很容易在孩子的肚子里形成凝块，难以吸收，且不含或仅含有少量免疫球蛋白。所以虽然配方奶粉中蛋白质总量高于母乳，但孩子的吸收率却不高。母乳虽然蛋白质总量低，但由于其更易被吸收，所以母乳喂养的孩子蛋白质摄入量并不低。

●维生素和矿物质

奶粉中维生素和矿物质的配方是以母乳为样本的。母乳中含有一定量的钙、锌、铁等对孩子生长有益的微量元素。配方奶粉虽然可以人为添加营养成分，令其微量元素含量很高，但其吸收率仅为约 10%，不及母乳的 50%，所以母乳喂养的孩子与喝配方奶粉的孩子所获得的维生素与矿物质差别较大。

●碳水化合物

母乳含有丰富的乳糖，能够促进孩子肠道中正常菌群的协调运作，防止肠道感染。但要注意，部分乳糖不耐受的患儿由于无法消化乳糖，应选择不含乳糖的配方奶粉。

2. 疫苗接种

疫苗，简单地说就是给孩子注射小剂量的病毒、细菌，让孩子身体产生战胜这种细菌或者病毒的抗体，从而抵御细菌或者病毒的入侵。接种疫苗是相当有必要的，特别是新生儿一出生就面临着多种传染病菌侵袭的危险。感染性疾病是婴幼儿最大的杀手，比如白百破（白喉、百日咳、破伤风）、脊髓灰质炎、Hib 感染性疾病等均是严重威胁婴幼儿健康和生命的主要感染性疾病。

疫苗是帮助宝宝预防疾病很重要的手段，但这并不代表疫苗打得越多越好，而且也不能说明所有疫苗都是必要的。个人认为，疫苗接种之后该疾病不会再发生的，就应该接种，但是如果接种后疾病还是会发生的，就没必要接种。同时，家长也不要以为接种了疫苗就万事大吉。说到底，最有效的防护还是孩子自身的抵抗力。所以日常调护和锻炼对孩子的健康很关键。

（1）必须接种的疫苗

国家法定必须接种的疫苗应该给孩子接种。在上幼儿园或者上小学之前，学校会要求出示每个孩子的疫苗本，疫苗本上面规定必须打的，就是必须给孩子接种的疫苗。

乙肝疫苗：宝宝出生 24 小时内，应该接种乙肝疫苗（第一次）、卡介苗，宝宝 1 个月时应该接种乙肝疫苗（第二次），第三针乙肝疫苗应该在宝宝 6 个月时接种。

脊髓灰质炎疫苗：宝宝 2 个月时应该接种第一次，3 个月时应该接种第二次，4 个月时应该接种第三次。

A 群流脑疫苗：宝宝 6 个月时接种第一次，9 个月时接种第二次，3 岁时接种第三次。

麻疹疫苗：宝宝 8 个月时接种第一次，1.5 ~ 2 岁时接种第二次，6 岁时接种第三次。

乙脑疫苗：8 个月时接种第一次（灭活苗第一、二次，减毒活苗第一次），1.5 ~ 2 岁时接种第二次（灭活苗第三次、减毒活苗第二次），6 岁时接种第三次（灭活苗第四次、减毒活苗第三次）。

百白破疫苗：3 个月时接种第一次，4 个月时接种第二次，5 个月时接种第三次。

（2）怎么应对接种疫苗后的反应

接种疫苗后，有的宝宝会出现低烧、食欲不振、烦躁、晚上睡觉哭闹的情况，这些都是正常的。一般几天内会缓解或者消失。预防或者缓解宝宝低烧、晚上哭闹这些情况，可以从 3 方面入手：第一，宝宝接种前几天不要吃得过饱，饮食宜清淡。这样可以有效预防因积食导致的抵抗力差的情况。第二，接种前后几天，要做好孩子情绪的调节工作，不要过度兴奋。第三，接种后短期内不要带孩子四处游玩，要注意休息。

幼儿期保健

养育幼儿健康成长对大人来说是一门大学问，尤其是三周岁以内婴幼儿的调护，就像万丈高楼的地基一般重要。药王孙思邈就曾用"夫生民之道，莫不以养小为大，若无于小，卒不成大，故易称积小以成大"来论述这一过程的重要性。我们常说的"三岁定八十"也是这个道理。三周岁以前是人生的基础，这时期的合理保健最关键。

1. 我的 9 个小儿保健心得

第一，孩子不想吃时别勉强，很能吃时要适当控制

第二，1 岁后，睡觉前 1 小时内及夜间不进食

第三，不能随便喂服凉茶或吃寒凉食物

第四，及时助消化

第五，不能吃太饱

少阳""生机勃勃"，小孩精力充沛，本身就容易出汗。如果孩子一躺上床睡觉家长就给他盖得严严实实的，出汗更多就会踢掉被子，这样就很容易着凉感冒。其实此时被子稍盖一下腹部就可以了，并且将汗液擦干。一两个小时后，孩子熟睡了就可以将被子从颈部盖到脚尖，遵循此法孩子就不容易生病。

2. 小孩生病时总体饮食方法

第一，总量比没生病时要少些，如奶量减少

第二，饮食清淡易消化些，如减少辅食添加

第三，不喝补益汤水，疾病刚刚好转时不能马上增加营养

3. 如何科学调护小儿脾胃

根据多年的行医经验，我发现，家长带小孩子看病，基本上属于呼吸系统疾病和消化系统疾病两大类。其中呼吸系统疾病占到 80%，大多是咳嗽、喉咙发炎、气喘、发烧、气管炎、肺炎、哮喘等，而消化系统疾病有食欲不振、呕吐、肚子痛、便秘、腹泻等。中医理论很早就把"五脏"类比于"五行"，其中土和金分别代表着五脏中的脾和肺，即消化系统和呼吸系统，并且有着"脾土生肺金"的理论，换言之，消化系统是呼吸系统的"父母"，如果患上呼吸系统的相关疾病，表明对小儿的消化系统呵护不足，因此解决大多数身体毛病的关键在于对脾胃的调理。

　　脾胃承担着运输物质、消化吸收能量并给其他脏器提供营养的功能，但孩子的脾胃功能还比较稚嫩，因此家长要重点呵护孩子的脾胃。不同年龄段的孩子，饮食自然要有所不同，婴儿以母乳、米汤、米糊、稀烂的粥为主；年龄稍大的孩子饮食可以跟成年人相似，但质地还是要偏稀偏烂，而且要少吃多餐；1岁前不应在晚上睡觉前进食。此外，消食导滞是儿科治未病的首选方法，它能起到提升孩子免疫力、减轻孩子肠胃负担、恢复脾胃功能，提升孩子正气的作用。其中三星汤（后文有详细介绍）就非常温和，适合任何年龄段的孩子，有助于调护好消化功能。

　　特别提醒：

　　孩子出生时是"虚寒"体质，五脏六腑"成而未全，全而未壮"，正如蜡烛初燃时

的状态，此时慎用苦寒、攻伐太强的药材。饮食中慎用寒凉之物，忌过饥或过饱。

专家金牌食疗方：三星汤

三星汤是非常温和的，下面的剂量适合任何年龄段的孩子。哺乳期的小宝宝，有必要的时候也是可以喝的，不会有副作用。喝三星汤的时候，粪便可能会偏黑，是正常的，说明肠胃的积食正在得到清理。

原料：

1岁以上：谷芽10g、麦芽10g、山楂5g。

1岁以内：谷芽8g、麦芽8g、山楂3g。

用量：

1岁以上的孩子，2碗水煎煮成1碗。

1岁以内的孩子，1碗水煎煮成1/3碗。

可以适当放一点黄糖调味。也可以用炒谷芽、炒麦芽、炒山楂，炒过的更温，味道也不会太酸，只是药店不一定都有。

提示：

消化不好时：三星汤＋素食，2～3天1次。

日常保健：三星汤＋素食，1周1次。

注意事项：

① 不能天天喝、长期喝，过度助消化，孩子也不会强健！

② 家长不要用三星汤冲奶或者其他饮料给孩子喝，这样混合不好。

【育儿小课堂】"每天 10 秒钟"判断孩子消化情况

每天花上 10 秒钟检查孩子的舌苔、口气、大便、睡眠，如果有两者以上出现异常，孩子很可能就是消化不好，积食了。

查看时间：

孩子吃完早餐后。

第一招：看舌苔。

舌苔正常应为淡红舌、薄白苔。如果孩子的舌苔是白白的、黄黄的，而且比平时厚腻，那就很可能是有积食了。

第二招：闻口气。

口气就是胃气，口气清新、没有气味说明机体处于正常、健康的状态。如果孩子口气有明显异味甚至有酸臭的味道，那多半是食物不消化，积滞堵塞在胃肠道里了。

第三招：看睡眠。

中医认为，胃不和卧不安，在孩子身上表现得最为明显。如果平时睡得好好的，近期突然睡得不安稳，出现哭闹、说梦话、翻来覆去、趴着睡等情况，那孩子多半也是积食了。

第四招：看大便。

大便也是最能直接体现孩子肠道状况的。家长可以通过孩子大便的时间、次数、形状、颜色、味道等因素来判断孩子近期的消化情况。

首先，如果孩子平常是下午才拉大便的，当天却早上就拉了，那就是时间改变了。但仅靠这一项是不能完全反映孩子消化情况的。

其次，统计一下孩子拉大便的次数，是每天 1 次还是两次，又或者 1 次也没有，家长应该认真记录。

再次就是观察大便形状、颜色有哪些特征。一般母乳喂养的孩子的大便是稀烂糊状的，淡黄色或浅绿色的，但是如果家长发现孩子拉出的大便呈深褐色且带有一些没消化的食物，如奶瓣，又或者是有血丝、有黏液。那就要谨慎对待了，这可能是宝宝身体欠佳的信号。

最后，如果发现孩子开始便秘、拉稀、有奶瓣、有残渣、味道酸臭、鼻涕样便，家长就无须犹豫，基本上可以判断孩子就是积食了。

但凡孩子有一个方面出现不正常，家长就要警惕，如果有两个方面以上同时表现不正常，那就要马上给孩子消食导滞了。若症状严重就要及时到医院诊治。

小儿日常与疾病护理
是育儿的必修课

如何给宝宝测量体温

最常用的 3 种体温测量方法：

1. 腋下温度

将体温计夹于腋窝，5 分钟后读取数值。正常参考范围为 36 ～ 37℃，在同时测量腋下温度、口腔温度和直肠温度时，腋下温度最低，直肠温度最高。

2. 口腔温度

将体温计放置在患儿舌下，闭口约 3 分钟后取出，并读取数值。口温正常范围为 36.3 ～ 37.2℃，比同时测量的腋下温度高 0.2 ～ 0.3℃。

3. 直肠温度

将体温计消毒后涂上润滑油，然后插入肛门，2 分钟后取出，并读取数值。其正常参考范围为 36.5 ～ 37.7℃，比同时测量的口腔温度高 0.2 ～ 0.5℃。

● 宝宝的五官清洁护理

1. 面部清洁

每天早晨用温水洗脸，然后用柔软的毛巾给宝宝擦干水。眼睛、鼻子、耳朵、嘴唇，面部上的重要器官较多，加之宝宝的皮肤娇嫩，家长清洗时力度要轻柔。

2. 眼睛清洁

正常情况下，人眼皮里的睑板腺会一刻不停地分泌一种像油脂一样的液体，通过眼皮的眨动涂在眼皮的边缘上，对眼睛起到保护作用。睡着时，积累起来的油脂和白天进入眼睛里的灰尘、泪水中的杂质等混在一起，就会形成眼屎，过多的眼屎可能会引发炎症、影响视力。正常的生理性眼屎，一般不用特殊处理，必要时可以使用消毒纱布或无菌棉签蘸上微量的温开水、无菌生理盐水为宝宝清洗眼部周围即可。

3. 鼻子清洁

如果新生宝宝的鼻腔里有鼻涕，妈妈应先粗略判断鼻涕的性质，然后加以处理。清亮、量很少的鼻涕大多是一过性的，无须特殊处理。清亮、量较多的鼻涕应注意有无上呼吸道感染，同时可使用缠裹严密的无菌棉签轻轻将宝宝鼻腔中的鼻涕蘸出。如果鼻腔内的黏性分泌物结成硬痂，致使呼吸不畅，影响吃奶、睡眠时，可用无菌棉签蘸温水浸润，或蘸少许无刺激性的油脂涂抹，待硬痂软化后，再用棉签轻轻卷出。如鼻痂较大，则需医生帮忙取出，千万不能用发夹、挖耳勺等金属硬物往外掏拽，那样可能会损伤宝宝的鼻黏膜。

4. 耳朵清洁

当宝宝哭泣或呛奶时，眼泪或乳汁很可能顺势流入耳道，家长要及时擦干，以免引起耳道炎症的发生。一般耳朵内的分泌物是不需要清理的。家长尽量不要经常自行清理宝宝耳道内的耳垢，否则很可能在掏、挖时不慎戳破耳道内的皮肤黏膜，更不能用尖锐的、容易脱落的、具刺激性的物品为宝宝清理耳道，以免伤及鼓膜，造成破裂、穿孔，引发感染或物品不慎脱落进入耳道，成为异物。

如果宝宝的耳垢较多，从外面就可以清楚看到时，妈妈可以适当予以处理，动作要轻柔，不要拉扯耳部。让宝宝侧卧于怀中，光线直射至耳道处。对于干燥的覆在表面或非常靠外的耳垢可直接用无菌棉签粘出，对于稀状的耳垢则可用无菌棉签蘸少许温开水轻轻旋转擦拭。

由于宝宝不会表达自己的不适，如耳痒或耳

痛，都会以哭闹、抓耳等方式来提醒妈妈，此时妈妈就要细心观察，及时护理。

5. 口唇清洁

与大人相比，宝宝的嘴唇皮肤更薄，皮脂腺尚未完全发育成熟，皮肤分泌的皮脂不够，稍不注意就容易变干、脱皮甚至开裂。家长不能贪图方便，给孩子涂成年人润唇膏。因为成年人润唇膏通常会添加很多不适合宝宝的化学成分，如香料等。

如果宝宝的口唇存在干燥、皲裂的现象，可能是与周围环境比较干热、宝宝进水过少、穿衣盖被过多、排尿和汗液分泌过多等因素有关，妈妈应当注意调节室内温度和湿度，增加宝宝的饮水量，适当减少穿衣及盖被。另外，临床上经常通过观察口唇的变化来诊察内脏器官的病变。如果宝宝机体严重脱水或患有消化系统疾病等都会致使口唇皲裂。

　　对于口唇干燥较为严重的宝宝，可选用没有染料、色素、香精、添加剂、防腐剂等成分的小儿护唇油、护唇膏，或者是纯天然的香油，在哺乳、喂水、洗脸后，以无菌棉签蘸取少量护唇油膏涂抹在宝宝的唇部，对于仍无好转者，需到医院就诊。

　　此外，新生儿口腔黏膜十分娇嫩，父母不要随便擦洗，否则容易造成感染。正确的做法是在两次喂奶之间喂几口温开水，使口腔保持适度清爽。清除菌斑应从宝宝第一颗乳牙萌出开始，家长可在手指缠上湿润的纱布轻轻按摩宝宝的牙龈组织和清洁宝宝的牙齿，每天 1 次。1 岁以后可以使用适合宝宝的牙刷来刷牙以去除菌斑，选购时家长要注意牙刷的尺寸大小和刷毛的软度。3 岁左右给孩子配上儿童牙膏来刷牙，除菌效果更佳，但每次只用小豌豆大小的牙膏就足够了，因为有些孩子还不会吐出漱口水。

小儿中药、中成药使用指南

有关中药、中成药的副作用

不少家长以为中成药没有副作用，孩子生病给孩子用中药、中成药更安全，这种想法是不对的！中药之所以有药的作用，就是因为它的毒性。如果不对症，使用不正确，不仅不能起到治病的效果，有时反而会加重病情。

1. 怎么理解中药的副作用

我们熟知的西药具有一定的副作用，而副作用在中药里叫作毒性或偏性。中医所说的"毒"，更多的指药物的偏性，而偏性又与人的体质相关。西医的"毒"则建立在副作用之上，与人的状态无关。

2. 什么是偏性

在中医观念中，正常人的特点应该是中和，即不冷不热、不躁不困、不烦不渴，简单来说就是很舒服。当人偏离了中和，就叫作生病了，而治疗方法则是对应的。冷了就用热药、热了用凉药、困了用燥药、烦了用润药。就是用药物的偏性，来中和人体的偏性，这就是"以毒攻毒"的原理。

举例一：西医认为无毒的东西，在中医看来是有毒的。

干姜、肉桂之类的食品调料，在西医看来是无毒的，但在中医则认为这些东西都有热毒，即使是健康人吃多了，也会眼干、口烂。同样道理，苦瓜、螃蟹这些食材，中医也认为有寒毒，久病之人就不适宜吃。

举例二：西医之"毒性"，由药物自身决定；中医之"毒性"，由患者身体状态决定。

现代医学所说的"毒"是特定的伤害，与人的状态无关。但中医认为，药物的毒性反应与患者身体状态的关系极大，同一种药物对不同体质状态的人使用区别极大。如苦瓜、葛根，对寒凉体质的人损伤就很大，但对温热体质的人来说，就会有助益的作用。

不能随意给小儿用的中药、中成药

以下这些中药，家长不可随意给孩子服用。有些药，用得对了是药，用得不对就是毒！

1. 内服有毒中药

心脏毒性：川乌、附子、黑附片、草乌、洋地黄、万年青、夹竹桃等。

肾毒性：多为含马兜铃酸的药物，如关木通、广防己、青木香、威灵仙等。含重金属的朱砂、雄黄和轻粉等。

肝毒性：山豆根、栀子、商陆、黄药子、苍耳子、望江南子、何首乌等。

化痰止咳平喘药：半夏、天南星、罂粟壳等。

用于杀虫消积的药：牵牛子、虻虫、皂荚、土荆皮、槟榔等。

2. 外用有毒中药

蟾酥、斑蝥、露蜂房、红升丹、白降丹等。

3. 会引起不良反应的中成药

穿琥宁、大黄片、云南白药和板蓝根制剂，可引起骨髓抑制或骨髓干细胞及造血微循环损伤，需在医生指导下用药。

藿香正气水，可造成潮红、过敏性休克、双硫仑样反应、过敏样反应等。（小儿可使用不含酒精的藿香正气口服液。）

用于治疗小儿感冒发烧的注射液，如鱼腥草注射液、双黄连粉针、茵栀黄注射液、痰热清注射液、热毒宁注射液、清开灵注射液、柴胡注射液等，有病例报道显示小儿使用这些药物不良反应发生较多。红花注射液小儿禁用，黄芪注射液婴儿禁用、1岁以上小儿慎用。

含有罂粟壳、可待因、吗啡成分的中成药易引起药物依赖，如强力枇杷露、复方甘草片、复方甘草口服溶液、羚贝止咳糖浆、麻芩止咳糖浆、止咳宝片、定喘止嗽丸、固肠止泻丸等。

含有异丙嗪的中成药，2岁以下小儿慎用，如伤风止咳糖浆、复方桔梗枇杷糖浆等。

注意事项：以上这些药材的使用，一定要到正规医院在专业医生的指导下进行。

● 重视食疗，而不是重视用药

"是药三分毒"，家长需谨记能不用药就不用药。中成药是药，草药也是药。中草药除了对辨证用药的要求高之外，其效果还受配伍、用量、炮制的影响，是非常复杂的。在中医临床上，讲究"用药如用兵"，不只是某一种成分或某一种药物发挥作用，而是像多兵种联合作战，需要专业知识和常年积累的经验。

1. 随意给孩子用药存在风险

不能随便选药。不要听别人推荐有用就给孩子用，适合其他孩子的不一定适合自己的孩子。有些人很喜欢给孩子煲草药凉茶，而有些人尤其是老人家特别容易相信亲友推荐的偏方，回家就给孩子煲，这些做法有时候是非常危险的。

不能随意用量。尤其不能简单地用大人的剂量减半给孩子吃。要让药物的功效真正发挥出来是要根据孩子具体情况来调整用量的。因此，书中给家长推荐的食疗方所用的药材分量都非常少，配方是很温和的，而且不同的年龄段也会稍微调整。

2. 儿童食疗是家长真正要掌握的强身防病方法

食疗，就是利用食物的性味特点来起到调节的作用。通常选用的都是药食同源的食材。用于日常，很安全，效果也非常好。家长要学会判断孩子的情况，日常给孩子吃对东西，就能吃出健康来。

重视做减法，而不是只做加法。通常孩子有问题，家长的思路都是"要给孩子吃什么"，往孩子肚子里加东西。而正确的思路是最近做了什么让孩子得病了，先减少或者调整这个动作，学会做减法。

如果孩子出现喉咙痛的症状，很多家长一般想的是给孩子煲凉茶下火，但不见得有效。此时真正要做的是想想孩子最近是不是吃得太多或玩得太疯了，如果是前者先控制一下他的饮食，别吃太多，如果是后者则让他暂时不要出去玩了，这样做之后观察他的症状有没有减轻。如果懂得食疗，再简单地调整一下饮食，帮助孩子抵抗外邪，孩子很快就会好了。学会做减法，养孩子会轻松得多。

PART 02

家长最关心的
育儿热点话题

宝宝断奶

母乳喂养超过6个月，妈妈就已经非常伟大了！很多家长觉得没有坚持母乳喂养到2岁，就是对不起孩子，特别自责，情绪很失落，那是完全没有必要的！在适当时候给孩子断奶，让孩子迈向新的成长阶段吧。

● 给孩子母乳喂养到几岁最好？

我们都知道母乳特别好，营养丰富，含有适合小儿需要的各种营养元素，如钙、磷、铁、锌、维生素A、维生素E等，还有大量的优质蛋白、必需氨基酸及乳糖等。理论上，能够喂久一点是更好的。一般来说，6个月后宝宝体内从母体而来的抗体就没有了，也是在6个月左右不少家长开始给宝宝添加辅食。这个时候马上断奶偏早，在顾护好孩子脾胃的前提下，喂奶到1岁是比较好的。但是在这个过程中因为饮食过量、喂养方法不对，积滞伤脾往往也是高发问题。所以为了避免孩子脾胃受损，家长关注的重点应该是孩子的消化问题。只有顾护好脾胃，营养才能被吸收，否则喝再多母乳，时间再长也没用。

特别提醒：

母乳是母亲身体的精华，一整年的母乳喂养，精华都给了宝宝，很多妈妈的体质都会有所下降。但是整个喂奶哺乳过程中，不提倡妈妈吃过度滋补的东西，因为这些会通过母乳影响到孩子的消化情况。加上照顾孩子休息不好，大多数妈妈都气血亏虚。有的妈妈喂到两三岁，自己身体的消耗过大，但这个阶段的母乳又不是非常必要，这是很多家长没有考虑的问题。除了疼爱宝宝，妈妈也要疼爱自己。所以给孩子喂奶到两三岁，确实偏久了，并不建议。

● 宝宝何时断奶较好？

断奶也是家长非常关注的话题，究竟什么时候给宝宝断奶比较合适呢？是秋天好还是春天好呢？

其实孩子断奶最好的时机是孩子消化情况良好，气候比较稳定的时候。

首先观察孩子消化情况好不好。如果孩子在近一两周晚上睡觉比较安稳，大便、口气都正常，舌苔也不会太厚，这个时候才可以考虑给孩子断奶。如果明显的消化不正常，那就缓一缓，调理好了再断奶。乳食变化、情绪波动都会给孩子带来影响。

其次才考虑气候和环境因素。有一些大的变化，比如过热或过冷，气候明显变化的时候要避免。一些家长会把孩子带回老家或者到其他地方旅游，到新环境断奶，孩子生病的概率也比较高。所以，秋季是较为适宜的季节，但没必要迁就季节，错过了，只要孩子状态好、环境稳定，也可以断奶。

● 渐进式断奶是最好的方式

断奶，就是给孩子断母乳。所有孩子最后都会成功断奶，所以，家长不用担心孩子断不了奶，这是一定能成功的！孩子断奶有形形色色的方法，正确的方法是一定要遵守"循序渐进，自然过渡"的原则。

孩子的味觉敏锐且对饮食的要求极高，尤其是习惯于母乳喂养的孩子，常常会拒绝其他奶类。但是有些年轻妈妈只顾及断奶这一最终目标，常常操之过急，要知道仓促断奶只会造成孩子食欲的锐减。因此，即便是到了断奶的年龄也应给宝宝一个慢慢适应的过程。

孩子的健康成长需要各种营养物质的补充，因此，逐步添加辅食直至顺利过渡到正常饮食是一个必然的过程。开始断奶时酌情减少每天母乳喂奶的次数，并逐步增加辅食的品种和数量，可以每天给孩子喝一些配方奶粉，也可以喝新鲜的全脂牛奶。

特别提醒：

除了断母乳，更要重视断夜奶。孩子到1岁左右时就要断夜奶了。这是一个顾护孩子脾胃的很关键的技巧。很多家长断母乳时，晚上睡觉前还是给孩子喝一大瓶奶，半夜三四点，孩子迷迷糊糊，又给孩子喝一大瓶奶。如果脾胃完全没有时间休息，过度运作，孩子很快就会生病。有的孩子断奶后容易生病，不是因为吃少了母乳，而是吃多了夜奶，损伤了脾胃。如果孩子有吮吸的需求，就给孩子用奶瓶喝水，几天后就可以把夜奶戒掉了。

小儿长牙期间护理

　　临床中，家长经常因为自己的孩子长牙迟或者换牙久等提出疑问。

　　人的一生有两副牙齿，乳牙（20颗）和恒牙（32颗），乳牙长出的时间是出生后4～10个月，12个月后未萌出者称为乳牙萌出延迟。乳牙萌出有一定规律性，一般下颌先于上颌，自前向后，于2岁半左右乳牙出齐。乳牙的萌出存在个体差异性，与遗传、内分泌、食物性状有关。6岁左右开始萌出第一恒磨牙，也开始了乳牙脱落换恒牙的阶段。6 ～ 12 岁乳牙逐个被同位恒牙替换，其中第一、第二双尖牙代替第一、第二乳磨牙，此为混合牙列期。12 岁萌出第二恒磨牙。17 ～ 18 岁时萌出第三恒磨牙（智牙），也有终生不长第三恒磨牙者。

　　牙齿的萌出是小儿正常的生理现象，长牙时有的孩子会伴随着低热、轻微腹泻、烦躁、磨牙、流口水、夜寐不宁等现象，这种现象中医称为"变蒸"，不属于病态。一般不需要特殊处理，待牙齿长出后上述症状便会消失。健康的牙齿生长与体内蛋白质、钙、磷、氟、维生素 C、维生素 D等营养素和甲状腺激素有关。食物的咀嚼有利于牙齿的生长。牙齿生长异常可见于外胚层生长不良、甲状腺功能低下等疾病。

● 关于孩子长牙的错误做法

有些家长看到自己的孩子 7 ~ 9个月还没出牙，心里会非常着急，认为孩子可能缺钙，牙长不出来，于是就给孩子服鱼肝油和钙粉，并且加量服用。这种做法是不妥的，往往有损孩子的健康。仅仅根据小儿出牙时间的早晚，并不能断定其是否缺钙，即使是缺钙引起的出牙晚，也不能盲目补钙，应在医生指导下进行。如果家长擅自给婴儿大量服用鱼肝油、维生素 D，注射钙剂，很容易引起中毒，给孩子带来痛苦。

● 孩子长牙晚怎么办

1. 调整饮食

合理喂养，及时给孩子添加辅食，如蔬菜、水果等，既补充营养，又有助于乳牙的发育。为了帮助孩子出牙，也可以在孩子出牙期喂他吃一些脆性食物，如干馒头片、饼干等，使牙龈得到适当刺激，利于牙齿破龈而出。也可让孩子咬些光滑而较硬的棒状玩具，但要注意卫生。

2. 晒太阳补充钙质

多晒太阳，冬季出生的孩子，2 个月时即可抱出户外活动，夏季晒太阳的时间宜在早晨，冬春季可以在午后。一般情况下应尽量让孩子的皮肤接受阳光的直晒，寒冷季节露出面部和双手即可。让孩子晒太阳时要注意保护好他的眼睛，可用纱巾或帽子等物遮挡。夏季晒太阳时应注意防止皮肤灼伤，可以在阳台或树荫下进行；冬季要避免着凉；在屋内晒太阳时应打开窗户，因为紫外线不能透过玻璃。

孩子长牙慢千万不能乱用药

孩子从 7 个月左右开始萌出第一颗乳牙，早的出生后4个月可见，到2岁半20颗乳牙出齐，晚3～4个月也属正常。1 岁之后一颗乳牙也未萌出者，称为乳牙晚萌。孩子出牙的快慢不但与营养有关，还与遗传有关。牙齿发育确实需要多种维生素和矿物质，如果孕期的母亲缺乏这些营养，便会影响胎儿的牙胚发育，引起牙齿发育不良。孩子出生以后如果没有及时补充维生素 D 和钙剂，又很少晒太阳，也会引起牙齿萌出迟缓、发育不良。

孩子出牙慢主要与缺乏维生素 D有关，而与维生素 A 无关。人体需要维生素 A 的量极微，从食物中摄取已足够生理需要。目前，由于人们生活水平不断提高，饮食营养不断丰富，维生素 A 缺乏症已较少见。因此，最好给孩子选用单纯的维生素 D 制剂。不过，无论补充哪种维生素 D 制剂，都需在医生和药师指导下进行。

虽然钙制剂毒性不大，但也不是多多益善，更不能把钙片当糖吃。如果盲目大量补钙，过多的钙对胃肠则是一种负担，钙制剂多具碱性，对胃肠有一定的刺激，会影响小孩的食欲，甚至导致胃肠不适。吸收过多也会造成钙负荷过重，影响肾功能。此外，长期过多地补钙还会抑制胃肠对其他矿物质如锌、铁等的吸收，造成体内营养素比例失衡，给人体带来另外一些不良后果。

所以，孩子出牙慢时不要随便用药，孩子补钙要遵循"食补为主、药补为辅"的原则。对于大多数儿童来说，选择食物补钙更加明智。

小儿体内有寄生虫

寄生虫病是小儿最常见的疾病，包括蛔虫病、蛲虫病、钩虫病、绦虫病、肺吸虫病等，对小儿危害大，严重者可致生长发育障碍。

判断孩子是否有寄生虫的简便方法

孩子肠道可能有寄生虫的表现包括睡觉磨牙、面部有白斑、经常肚子痛、眼白有虫点等。配合凌晨检查肛门（查蛲虫）以及大便查虫卵、血常规查嗜酸性粒细胞等能更准确地判断孩子体内是否有寄生虫。

查蛲虫的方法：晚上12点关灯后用手电筒照小孩的肛门口，如果有蛲虫的话，能看到线头一样的东西（白白的、小小的）在肛门口蠕动，但不一定能看到。而且小孩常会说自己屁股痒，也会用手挠屁股。

驱虫的方法

在医生指导下给孩子服用中药驱虫制剂或口服驱虫药，常见的西药驱虫药有宝塔糖（3岁以下小孩服用）、鹧鸪菜（3岁以下小孩服用）、史克肠虫清（3岁以上小孩服用）。服药后要定期复查。不适合使用驱虫药的年龄较小的孩子可以使用具有驱虫效果的食物来达到目的。

蜂蜜南瓜子

原料：南瓜子若干，蜂蜜适量。

做法：将南瓜子洗净，晾干，去壳取仁，研成粉末，备用。

用量：5岁以上小儿每次10～15g，5岁以下小儿每次6～9g，均用蜂蜜调服，每天2次，连服2～3天。

功能主治：本方对小儿驱蛔虫有效，也可用于绦虫病。

生姜蜜

原料：生姜60～100g，蜂蜜适量。

做法：取新鲜生姜，洗净后捣烂取汁去渣，然后加入蜂蜜，制成姜蜜糖。

用量：1～4岁服15～20g，5～9岁服30～40g，10～13岁服50～60g，均分3～4次服下。

功能主治：可温中、散寒、止痛，适用于小儿蛔虫性肠梗阻。

特别提醒：

对其他类型肠梗阻不适用。

凤眼果瘦肉汤

原料：去壳凤眼果 7～10 个，猪瘦肉 100g。

做法：将二者洗净后加清水适量煲汤，用食盐少许调味。

用量：饮汤，每天1~2碗。

功能主治：本方对小儿疳积、蛔虫病有效。

驱虫汤

原料：槟榔5g，使君子5g，乌梅1个，瘦肉100g。

做法：将所有食材洗净后加入2 000mL的清水煲汤，文火煮至500mL后关火。

用量：连用3~5天，每天约2次，每次50mL。

功效解读：该汤品可驱虫安神。槟榔与使君子能滑肠通便，乌梅生津养阴，涩肠止泄，一收一放，药效不会太猛，适合小孩子服用，而且汤水口感也好。

特别提醒：

◎不同年龄段的小孩饮用驱虫汤的方法不同，3岁以上，消化好的时候喝，1～3岁喝汤不吃肉渣，1岁以内在医生指导下使用。

◎饮用驱虫汤时，应避免饮食肥腻。

◎要教育孩子注意饮食卫生，养成良好的卫生习惯，不吃不洁的生冷食物，生的蔬菜瓜果一定要洗净后才能食用，孩子的用具也要全面消毒。

宝宝怎么喜欢趴着睡？

俯卧就是趴着睡，这点在幼儿及幼童期较常见，以前民间认为孩子趴着睡不好，会压着心脏和肺，影响呼吸和睡眠质量，应该及早纠正，但现代医学研究证明，孩子趴着睡，甚至有的跪着睡，对孩子的正常生长发育没有直接的不良影响，可以认为是孩子睡眠的一种正常体位。但应该提醒的是，要注意区别孩子趴着睡是一贯的睡姿，还是一种短期的表现，习惯的是正常的，短期的是异常的。短期内出现的俯卧，很大可能是由积滞、消化不良引起的，这种情况下往往同时伴有夜寐不宁、磨牙、大便不正常（便溏或便秘）、口气秽臭、时诉腹痛等表现，家长可以此为依据进行鉴别。

孩子俯卧优缺点

1. 优点

（1）趴着睡对孩子的心、肺、胃肠和膀胱等全身各脏腑器官最不易造成压迫，自然又健康。

（2）趴着睡能提高睡眠质量。国外科学家曾经对 80 名健康婴儿进行睡眠姿势的研究，结果发现，趴着睡的婴儿睡眠时间较长，睡眠质量较高，觉醒次数和时间较少。可见，趴着睡有助于孩子的睡眠。这可能与趴着睡时身体接受的外界刺激，如声音、光线等的较弱有关。

（3）孩子趴着睡能防止因胃部食物倒流到食管及口中引发的呕吐及窒息，消除胀气。

2. 缺点

（1）孩子的头型容易睡扁，也可能会影响到孩子的脸型。

（2）孩子的胸腹部紧贴床铺，不易散热，容易引起体温升高，或者由于汗液积于胸腹而出现湿疹。

● 哪些孩子不适合俯卧

患先天性心脏病、先天性哮喘、肺炎、脑性麻痹及感冒咳嗽时痰多的孩子，以及某些病态腹胀的孩子，例如患先天肥大性幽门狭窄、十二指肠阻塞、先天性巨结肠症、胎便阻塞、坏死性肠炎、肠套叠及其他如腹水、血液肿瘤、肾脏疾病及腹部肿块等疾病的孩子，不适合趴着睡。

特别提醒：

孩子有痰时，常常会呕吐，一旦呕吐，要让孩子趴下，使食物流出后才可再躺下，否则容易引起窒息。

● 哪些孩子很适合俯卧

患胃食管反流、阻塞性呼吸道异常、斜颈等的孩子，可以尝试趴着睡，以帮助缓解病情。下巴小、舌头大、呕吐情形严重的小孩，最好趴着睡。

● 家长应该注意的事

孩子的被子和枕头应尽量柔软，而床和褥子则应稍硬。如果孩子年龄较小，那么在他睡觉时身旁一定要有人守护，以防其头部埋入枕头、被子中而发生意外。

小儿磨牙

有些孩子睡着以后，常常磨牙，牙齿咬得咯咯响，家长常以为是蛔虫在作怪，便自作主张给孩子服用驱虫药，可是用药以后却没有打下蛔虫，孩子晚上还是照样磨牙。究竟是驱虫效果不佳，还是孩子肚子里的蛔虫特别顽固呢？其实都不是，只是家长没有找到孩子磨牙的根本原因。

• 夜间磨牙危害多

夜间磨牙是儿童很常见的现象，它对儿童的生长发育会产生不同程度的影响。如果偶尔发生一两次夜间磨牙，不会影响健康；如果是天天晚上磨牙，则危害不小。儿童长期夜间磨牙会直接损伤到牙齿组织，造成牙齿磨伤，并出现一系列的牙齿过敏症状。夜间磨牙，面部肌肉特别是咀嚼肌不停地收缩，时间久了，会影响孩子的面部发育。此外，还会引起头痛、脸部疼痛、失眠、记忆力减退等症状，因此需要积极治疗。

• 找准原因解决孩子的磨牙问题

出现夜间磨牙这种症状的原因，一般有以下6个方面的可能性，每个可能性都是儿科常见的病因。家长可带孩子去医院查明病因，酌情处理。

1. 牙齿牙床的原因

孩子在6个月至2岁长乳牙或6岁开始的乳牙脱落换恒牙这两个年龄段，因为牙齿的缘故，牙床会有不适的轻微表现，如松浮、轻痒等。

解决方法：父母可带孩子去口腔科检查牙齿有无咬合障碍，如有则需进行调整。睡眠时取仰卧位可减少对口腔组织的机械压迫，有助于减少夜间磨牙。

2. 临睡前进食或晚餐过饱

很多小孩都有临睡前进食的习惯，比如喝牛奶、吃夜宵等，大脑要指挥消化系统对这些食物进行消化，因此会出现咀嚼磨牙现象。

解决方法：适当控制晚餐的进食量，戒掉睡前进食的不良习惯。

3. 消化不良

孩子由于各种原因处在消化不良的状态，即中医所说的积滞、食滞。

解决方法：通过帮助消化，消食导滞，可以达到疗效。

4. 口腔不洁或是有口腔疾病

口腔不洁或者口腔有炎症、溃疡等，也会使孩子出现磨牙现象。

解决方法：让孩子注意口腔卫生。如果有口腔疾病，应积极治疗。

5. 肠道有寄生虫

一部分小儿磨牙是由肠道寄生虫引起的，最常见的是蛔虫和蛲虫。肠道有寄生虫是小孩磨牙的常见原因，往往伴随有腹痛、面上有虫斑及眼睛巩膜后有虫点等表现。

解决方法：教育孩子注意个人卫生，养成良好的卫生习惯。运用中药、西药或食疗进行驱虫。

6. 佝偻病

患佝偻病的孩子由于骨骼脱钙、肌肉酸痛和自主（植物）神经紊乱，常常会出现多汗、夜惊、烦躁不安和夜间磨牙。

解决方法：给孩子补充鱼肝油、钙片，平时让其多晒太阳，磨牙症状就会逐渐好转。

特别提醒：

在没有确定孩子缺钙的情况下，最好不要盲目专门给孩子补钙。因为过量补钙后，会引起食欲下降、恶心和消瘦等一系列不适症状。

● 预防磨牙的措施

（1）家长在饮食上应合理调节膳食，粗细粮、荤素菜搭配，防止孩子营养不良。

（2）教育孩子不偏食、不挑食，晚餐不要过饱，睡前1小时内尽量不进食，以免引起胃肠不适。

（3）让孩子养成良好的个人卫生习惯，注意口腔的清洁。

（4）家长要多陪孩子进行一些户外活动，并给孩子创造一个舒适和谐、充满欢乐的家庭环境，以消除孩子各种不良的心理性因素。如果孩子已出现不良的心理性表现，要及时带孩子去看医生，进行心理治疗。

（5）孩子有咬合关系紊乱的问题时，家长必须带其到口腔科进行治疗，以防止夜间磨牙的发生。

小儿手足口病

相信不少家长都应该听说过手足口病，一般多发于婴幼儿身上，且具有一定的传染性，还容易引起一些其他的并发症。近几年，该病的发病率有逐年上升的趋势，所以家长既要懂得做好预防，也要了解病后如何调护。

● 什么是手足口病

手足口病又名发疹性水疱性口腔炎，是由肠道病毒引起的传染病，感染部位是包括口腔在内的整个消化道。感染了该病的孩子在手、脚、口腔甚至是屁股和小腿上会出现皮疹或疱疹。这些皮疹不会有瘙痒感，病好之后就会逐渐消退。

感染了手足口病的孩子会出现发烧、腹痛等症状。因为口腔里有疱疹，疱疹破了形成溃疡面，孩子吞咽就会很痛，特别是小宝宝，东西吃不下，哭闹很厉害，所以显得特别难护理。手足口病是儿科常见病，预后良好，家长不用过度紧张。

● 手足口病、疱疹性咽峡炎、感冒的区分

感染了手足口病的孩子初期一般表现为感冒症状，有的家长误以为是普通感冒。此时家长要特别留意孩子喉咙、手脚心和屁股等部位，如果有疱疹或者溃疡，就要重视起来。

这可能是手足口病和疱疹性咽峡炎。疱疹性咽峡炎是手足口病的"兄弟"，主要表现也是感冒、发烧、喉咙起疱疹，也是很容易传染的。不同的是，感染疱疹性咽峡炎的孩子，除了喉咙，其他地方不会出疹。

如何预防手足口病

预防手足口病，最有效的方法是消食导滞。要达到预防的目的，关键是要保护好脾胃。孩子"脾常不足"，脾胃的功能很不成熟，很容易消化不好，出现积食。脾胃功能不足，抵抗力就弱，就容易中招。所以给孩子喝一些消食导滞的中药或者中成药就能够达到很好地预防手足口病的效果。但是现在家长普遍怕孩子营养不足，疾病流行季节更是紧张，常会给孩子吃各种高营养的汤水肉食，孩子消化不好的时候又没有及时调整，孩子就更容易中招了。

特别提醒：

预防流感或手足口病时，很多学校或者家长会用板蓝根、鱼腥草等煲水给孩子喝，其实是不可取的。孩子跟大人不同，大人有很多应酬、经常熬夜，很容易上火，适合用清热解毒来达到预防的目的。但是孩子没有这些情况，孩子的体质特点是"虚寒之体"，饮食中不适合过多清热解毒、寒凉之物，否则越喝脾胃功能越弱，抵抗力越弱。这是一个非常常见的误区，家长一定要注意。

小儿患上手足口病该怎么做？

每年从春天的中后期开始到夏天，是手足口病的高发期，手足口病很容易传染，发病过程中孩子很痛苦，家长应该怎样做好护理呢？

1. 马上就医

孩子一旦感染手足口病，就要马上就医了。家长需要了解的是怎样护理病中的孩子。

2. 防止孩子抓破皮疹

　　家长要帮孩子剪短指甲，必要时可以给小婴儿带上手套。屁股有皮疹的小宝宝，拉便便后不能只用湿纸巾简单擦拭，而是要用清水洗干净后再抹干，以保持臀部清洁干燥。

3. 喂药喂水

　　这个时候最难的是让孩子吃药吃东西。但是喂药喂水是必须的。虽然孩子哭闹得厉害，但是家长要发挥才智，让孩子喝药喝水。可以两个家长配合，或者辅助一些吸引孩子注意力的方法。注意水温不可太烫，否则孩子吞咽的时候更难受。比凉白开稍微温一点点，或者直接喝凉白开都可以。特别是给孩子喂了退热药后，家长要注意给孩子喂水。

4. 切忌给孩子"增加营养"

　　患了手足口病的孩子肠道功能较平常虚弱，而且一吞咽就痛，就更不想吃东西了。这个时候，家长切忌给孩子"增加营养"。有些家长看孩子饿了四五天，就煲了各种肉汤想让孩子补充营养，以为有体力孩子才能好得快，其实这是大错特错的。这个时候喝肉汤只会给孩子的肠胃增加负担，孩子不仅好不了，反而会越来越严重。这个时候最好就是素食，让肠道得到休息，如果孩子吃不下也不用强求，简单的稀一些的粥水就很好。

应对手足口病的食疗方

应对手足口，以下3个方法既简单又有效，家长很快可以学起来。

预防时期：三星汤

　　原料：谷芽10g、麦芽10g、山楂5g（1岁以下3g）。

　　做法：煲汤或煎水服用。

　　特别提醒：

　　预防孩子患流行性疾病最有效的方法是及时消食导滞。如果发现孩子消化不好，如有口气、舌苔厚、大便臭、睡眠不好，就可以给孩子喝此方2~3天，配合素食。日常保健是1周1次即可。

病中调护时期：米汤

　　原料：大米适量。

　　做法：将大米煮成稀烂白粥，晾温，取米汤。

　　用量：分次服用。

　　特别提醒：

　　米汤是古时常用的一道食疗方，只是太过于普通，日常不受大家重视。手足口病的孩子肠胃功能很弱，没有胃口，米汤本身很好消化，也可以及时补充一些电解质。这时候的米汤可以煮得更稀一些，稍微放凉就可以给孩子喝，能有效减少吞咽的疼痛感。

病中调护时期：蜂蜜水

　　原料：蜂蜜适量。

　　做法：温水冲泡。

　　用量：适量服用。

　　特别提醒：

　　蜂蜜能帮助溃疡面愈合，也可以及时补充水分，有助于孩子退烧和痊愈。注意1岁以下的孩子忌食蜂蜜，此食疗方不适合该类患儿。

登革热

登革热为目前全球感染人数最多、传播地域最广、疾病负担最重的虫媒传染病。而且近年来全球发病率有明显上升的趋势。本病主要在热带和亚热带地区流行，我国广东、香港、澳门、海南、云南、福建等地也有登革热发病和流行，尤其是广东、香港、澳门等地均为高发地区。研究显示，城市化导致的人口聚集、全球气候变暖等为登革热的发展与传播提供了条件。

什么是登革热

登革热是由登革热病毒经伊蚊为媒介传播而引起的急性虫媒性传染病，主要流行于夏秋两季。其特点为起病急骤，高热、寒战、头痛、全身肌肉及骨关节剧烈疼痛，浅表淋巴结肿大，可有皮疹。部分严重患儿甚至可能出现休克。

根据临床表现，登革热又分为轻型登革热、普通型登革热和重症登革热3种类型。

轻型登革热症状体征较轻，发热及全身疼痛较轻，皮疹稀少或不出疹，没有出血倾向，浅表淋巴结常肿大，其临床表现类似流行性感冒，易被忽视，1~4天便能痊愈。

普通型登革热又称为典型登革热，起病突然，体温迅速达39℃以上，一般持续2~7

天，全身有疼痛感，面部和眼结膜充血，颈及上胸皮肤潮红。随病情发展会出现皮疹，约半数病例可出现不同部位、不同程度的出血，全身淋巴结可有轻度肿大，伴轻触痛。病后患者常感虚弱无力，完全恢复常需数周。

重症登革热患者早期表现与典型登革热相似，在病程第3~5天病情突然加重，出现剧烈头痛、恶心、呕吐、意识障碍、颈强直等脑膜炎表现。有些表现为消化道大出血和出血性休克。本型病情发展迅速，常因中枢性呼吸衰竭和出血性休克在24小时内死亡。该症患者需住院治疗。

登革热的治疗措施

登革热的病情复杂多变，目前尚无特效的抗病毒治疗药物，主要采用一般、对症治疗措施，对于普通型登革热的治疗方法主要有一般治疗和对症治疗，一般治疗包括：卧床休息、蚊媒隔离至退热、监测神志、尿量、生命体征等。对症治疗以物理降温为主，用温水擦浴等方法进行退热。对出汗较多或腹泻者，根据病人的脱水程度给予补液治疗，以口服补液为主。疼痛患者可给予地西泮等对症处理。对于重症登革热的治疗需要进行液体复苏治疗、抗休克治疗、止血治疗等。

登革热的注意事项

（1）切断传播途径。防蚊、灭蚊是预防本病的根本措施。改善环境卫生，消灭伊蚊滋生环境，清理积水。喷洒杀蚊剂消灭成蚊。

（2）本病流行期间不宜带孩子到人群聚集、空气流通差的公共场所，注意保持家庭环境卫生，居室要经常通风，勤晒衣被。

（3）托儿所、幼儿园等单位应每天进行晨检，发现可疑患儿时，应采取及时送诊、保证充足休息的措施。对患儿所用的物品要立即进行消毒处理。

宝宝红屁股

家长给宝宝换尿布的时候要细心观察，及时发现婴儿臀部及会阴部是否出现发红、皮疹、水疱、糜烂或渗液等症状，症状轻微时可用鞣酸软膏涂抹，严重时应立即就诊。

● 什么是红屁股（尿布疹）?

新生儿红屁股或红臀，又叫尿布疹，是指新生儿臀部、会阴部等处的皮肤发红，有散在的丘疹或疱疹，随病情发展渐渐糜烂、破损。尿布疹是新生儿常见的皮肤病之一。

新生儿皮肤非常娇嫩，表层皮肤很薄，水分容易丢失，尿液中的尿酸或粪便中的细菌均会刺激皮肤，如果尿布不透气、家长尿布更换不及时、臀部皮肤经常处在潮闷的环境中，就会发生红屁股。

● 如何预防红屁股?

预防红屁股最好的办法就是勤换尿布尿片，保持婴儿臀部皮肤的清洁干燥。注意一定要保持宝宝的皮肤通风透气，不要长时间捂盖。尤其是夏天气候炎热，应该适当增加婴儿光屁股的时间。

尿片的选择很关键。现在不少的家庭都会给宝宝选用便利的一次性纸尿裤，但由于其透气性稍差，再加上有时没有及时更换等原因，就会增加尿布疹出现的可能性。为了预防尿布疹，最好选用柔软、吸水性强、透气好的纯棉布做尿布。尿布的颜色以白、浅黄、浅粉为宜，忌用深色，以避免对婴儿的皮肤造成刺激，浅色也容易观察孩子排泄物的性状，有利于判断其体质状况（尤其是判断消化情况）。避免使用橡胶或塑料的防水布，免得积尿、积汗浸渍皮肤。

特别提醒：

◎棉质尿布的清洗方法：每次换下来的尿布都要放在固定的盆中，尽快清洗。尿湿的尿布可泡湿后用肥皂揉搓，再用清水冲净，拧干，接着用开水烫一下，待水凉后拧干，在阳光下晾晒；尿布上有粪便的则要先用专用刷子将它去除，然后放进清水中，用肥皂进行清洗（可用肥皂水浸泡一段时间，待粪便留下的印迹几乎消散后更容易洗），揉搓一下，再用清水多冲洗几遍，接着用开水浸泡消毒，拧干后晾晒。

◎女婴小便更容易浸湿臀下的尿布，发生红屁股的概率较男婴高。所以父母在照料女婴时，可以使其臀部的尿布稍厚些，而且更要勤换勤洗，保持臀部干燥。

◎已经有尿布疹的患儿，暂时不要使用尿不湿等不透气的产品，改为棉质纱布。

小儿抗生素使用

对于生病的孩子尤其是感染发热的患儿，很多医生喜欢用抗生素，这在儿科门诊治疗中很常见。其实，这样的做法是欠科学的。孩子感染发热是机体的正常反应，有一个自然的发病过程（一般是 1 周），无论是病毒还是细菌或者其他病原体，多数能在 1 周内逐渐缓解，所以滥用抗生素是不应该的，尤其是上呼吸道感染的发热，更无须使用抗生素，而用激素来退热的做法也是错误的。抗生素应该在明确属于细菌感染，而且是严重感染时才能在医生指导下规范化使用。同时，抗生素作为处方药物，应该由医生根据孩子的病情决定是否需要使用，家长不能凭个人感觉和经验随意给孩子选用。

抗生素使用的 9 个误区

误区一：抗生素等于消炎药

多数人以为抗生素可以治疗一切炎症。事实上，抗生素仅适用于由细菌和部分其他微生物引起的炎症，而对由病毒引起的炎症无效。人体内存在大量有益的菌群，如果用抗生素治疗无菌性炎症，这些药物进入人体后将会压抑和杀灭人体内有益的菌群，造成人体抵抗力下降。

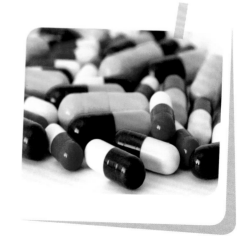

误区二：抗生素可预防感染

抗生素仅适用于由细菌和部分其他微生物引起的炎症，对病毒性感冒、麻疹、腮腺炎、伤风、流感等患者则有害无益。抗生素只针对引起炎症的细菌及微生物，是杀灭细菌及微生物的，没有预防感染的作用。相反，长期使用抗生素会使细菌产生耐药性，从而降低人体抵抗能力。

特别提醒：

发热时多喝温开水，要饮食清淡（不能像平时无病时一样饮食），使用简单的便药（中成药、西药、感冒止咳药等）、西药退热剂（高热时使用），日常生活多加注意，一般的外感发热都能收到理想疗效。

误区三：广谱抗生素优于窄谱抗生素

抗生素使用的原则是：能用窄谱不用广谱，能用低级的不用高级的，用一种能解决问题的就不用两种，轻度或中度感染一般不联合使用抗生素。

误区四：新的抗生素比老的好，贵的比便宜的好

每种抗生素都有自身的特性，优势、劣势各不相同。一般要因病、因人选择，坚持个体化给药。用药时可细心咨询医生，听从医生的讲解及建议。

误区五：使用抗生素的种类越多，越能有效地控制感染

合并用药的种类越多，由此引起的毒副作用、不良反应的发生率就越高。一般来说，为避免耐药和毒副作用的产生，能用一种抗生素解决问题绝不应使用两种。

误区六：感冒就用抗生素

病毒或者细菌都可以引起感冒。病毒引起的感

冒属于病毒性感冒，细菌引起的感冒属于细菌性感冒。抗生素只对细菌性感冒有用，而小儿感冒多由病毒感染引起，使用时需谨慎。

误区七：发烧就用抗生素

咽喉炎、上呼吸道感染多由病毒引起，使用抗生素并无疗效。此外，就算是细菌感染引起的发热，也有多种不同的类型，不能盲目地使用抗生素，最好在医生指导下给孩子用药。

误区八：频繁更换抗生素

抗生素的疗效有一个周期，如果使用某种抗生素的疗效暂时不好，首先应当考虑是否是用药时间不足的原因。频繁更换药物会造成用药混乱，从而伤害身体。况且，频繁换药很容易使细菌产生对多种药物的耐药性。

误区九：一旦有效就停药

抗生素的使用有一个合理的过程。用药时间不足的话，有可能根本见不到效果，即便见了效，也应该在医生的指导下服完必需的疗程。如果一有效果就停药的话，不但治不好病，而且可能会使已经好转的病情因为残余细菌而出现反复。

抗生素使用的注意事项

（1）学龄前儿童禁用氨基糖苷类药物，如庆大霉素。

（2）青霉素过敏者不宜选用头孢类抗生素。

（3）一般的伤风感冒、婴幼儿哮喘、婴幼儿秋冬季腹泻无须使用抗生素。

（4）对孩子来说，相对安全的抗生素只有两大类，一是青霉素类，二是红霉素类。其他类型的抗生素对孩子都有或多或少的不良影响，要谨慎使用。青霉素毒性低，对肝肾等脏器损害小，不会影响孩子的生长发育，而且杀菌效果强大，作用迅速，只要孩子对青霉素不过敏，使用青霉素是很理想的抗生素选择。对于对青霉素过敏的孩子来说，红霉素是很好的替代抗生素。相对而言，红霉素不良反应比较轻，常见的有胃肠道不适或出现荨麻疹等过敏反应，但不会影响生长发育。

如何给孩子补充营养

　　市面上营养品越来越多，广告也越来越琳琅满目，家长总觉得这些产品都适合自己的孩子，尤其是补钙、补锌的营养保健品。为什么以前人们的生活条件很差，孩子没有额外补充钙、锌，也能健康成长，而现在生活条件这么优越，反而会出现缺乏微量元素的情况呢？

营养品补充问题

1. 孩子究竟是缺乏营养还是缺乏科学的喂养方式？

　　临床显示，现在孩子出现缺乏微量元素的原因大多是家长对孩子的乳食喂养方法不正确，损伤了孩子脾胃，导致"脾虚证"的形成，从而导致对食物的营养吸收不良、不平衡。所以，调治脾胃，正确、科学进食才是治根之法。

　　另外，如果孩子出现夜寐不宁、烦躁、枕后脱发、肋缘外翻、易感冒、脸色苍黄、毛发不泽、胃纳差、注意力不集中等症状，并且在检查后明确为是由微量元素不足所致，可在医生的指导下进行适当的补充，从而缓解症状。对于轻症患儿，口服一般补钙、补锌制剂就可以了。需谨记的是，孩子脾胃的调护才是最主要的。

2. 了解孩子体质特点比了解保健品的品牌更重要吗？

　　很多家长每天花很多时间研究各种各样的营养素，比如说补钙，家长可以把不同剂型

不同品牌的区别和优劣说得头头是道。可是家长对自己孩子的体质特点的观察和学习，花的时间却很少。家长要懂得区分哪个才是最关键的。

而且就保健品而言，判断好不好的标准是要看合不合适。有的钙片动辄几百块，是不是真的就合适？效果就会好很多？家长一定要做出准确的判断。

3. 什么时候停止吃比什么时候开始吃更重要吗？

大家普遍认为，好东西只要吃就是好的。比如所说DHA能健脑，那就给孩子吃，但是什么时候应该停下来，家长完全不关心。

这里要提醒家长一件事，过犹不及，任何东西吃多了都是不好的。过分补钙，导致儿童肾结石案例频出。过分补铁，伤害脾胃肠道。长期吃益生菌，以后机体需要的时候再吃可能就不会有效果了。

营养素的补充都是阶段性的，而不是长期无止境的。什么时候吃，什么时候不吃，是同样重要的问题。

4. 营养素吃了就等于吸收了吗？

答案是否定的。如果家长关注的是孩

子吸不吸收，就要了解孩子的体质特点和一些健康表现，只有通过这些才能判断孩子有没有吸收，给的量是不是够，会不会过多，剂型是不是适合。其实能不能吸收才是最重要的，但是几乎很少有家长关注这个问题。

给孩子补充保健品、营养素的总原则

西方营养学多强调食物本身，以物为本。中医的养生更重视个体情况，强调具体个人的情况在某个阶段某个地方的特定需求，以人为本。孩子的生长发育快，情况变化更快，营养的补充更要根据需要进行调整。

1. 保健品、营养素不是药品，不能治病

如果孩子生病，或者一些病理性的问题，一定要在医生指导下用药。不能靠保健品来治病，即便补充营养素也需要在医生指导下进行，尤其是小宝宝。

2. 合理判断孩子是不是需要额外补充

再好的东西，过量跟不足都一样达不到预期的效果。尤其不要觉得某个产品的功能特别好，能够增强体质、促进长高、健脑益智等，就给孩子吃，天天吃。要了解这个产品是怎么来的，孩子是不是适合。

3. 准确判断营养品的补充是不是有效

判断营养品的补充是不是有效，主要通过两个方面：第一，孩子症状是否有改善；第二，孩子消化状况有没有异常。

比如小宝宝枕秃可能是缺钙，也可能是由于摩擦掉头发。可以适当先给孩子补钙、维生素D、晒太阳。两三周后如果情况有明显的好转，证明补充是对的；如果没有明显好转，那就说明不对症，不用再补充了。

比如给宝宝补铁，如果之后的几天宝宝粪便偏红，那就说明有相当一部分铁剂没有被吸收，也就是说，要停止或者减少用量。

4. 食疗优于单一成分的补充

中医强调养生，之所以叫"养生"，就是重在"养"字。"养"说明要呵护和调整，让个体自身选择和发育。营养素基本都是单一或者由几种成分合成，这对于孩子生长发育所需要的各种元素来说，是微乎其微的。食物中各种成分更为综合，个体自我选择的机会更多。孩子消化好，被吸收的才是孩子身体真正需要的营养。

● 正确补钙

钙是人体中含量最多的无机盐的组成元素，是骨骼构成的重要物质，也是人体神经传递、肌肉收缩、血液凝结和激素释放等所必需的元素。人体中钙含量不足或过剩都会影响身体生长发育和身体健康。小儿缺钙严重时，肌肉肌腱均会有所松弛。如果是脊柱的肌腱松弛，可出现驼背。若学习走路时缺钙，可出现骨质软化，站立时身体重量使下肢弯曲，有的表现为X形腿，有的则为O形腿，且易骨折。

补钙的注意事项：

（1）孩子是否缺钙应经医生诊断后决定，不可自行判断。

（2）健康成长的儿童，通常只要饮食正常、配餐合理，就无须另外补充钙剂。

（3）缺钙小儿在出生后2个月内就有明显表现，如夜间啼哭、出汗多、食欲减退、易患呼吸道感染、贫血及枕秃等，严重者可出现手足抽搐。这时应使用钙剂治疗。

（4）使用钙剂时应与含维生素D的药物如鱼肝油等配合使用，以促进钙、磷的吸收，从而

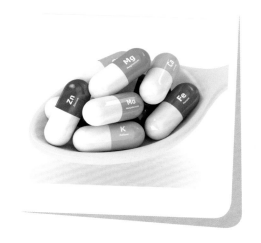

达到更好的疗效。但是应注意，补充维生素D不可过量，以免引起持续高钙血症，继而发生钙盐沉积于各器官组织而影响器官功能，严重者甚至会影响孩子的智力发育。

（5）孩子补钙期间忌食菠菜及乳类制品，因为菠菜中的草酸易与钙形成草酸钙沉淀。钙剂与乳类制品同服会产生凝块，影响吸收。

（6）富含钙质的食物包括牛奶、海带、虾皮、豆浆、豆腐、油菜、芫荽、芹菜、苹果等。注意，豆制品含钙丰富，但偏凉性，而且一般以黄豆为原材料，淀粉含量较高，不好消化，是否食用应视孩子消化情况选择。而且由于孩子以气虚体质为主，豆制品也不宜过量食用。

（7）很多家长知道动物骨头含钙高，但是却不清楚其钙质很难溶于水，直接熬汤时人体能吸收的量很少。因此熬汤时可以先将骨头敲碎，加醋后用文火慢煮，以提高钙的释放量。

• 正确补充维生素 D

佝偻病即维生素D缺乏性佝偻病，是由于婴幼儿、儿童、青少年体内维生素D不足，引起钙、磷代谢紊乱，产生的一种以骨骼病变为特征的全身、慢性、营养性疾病。合理补充维生素D对孩子的健康成长非常重要。

1. 补充维生素 D 的注意事项

（1）维生素D既可由食物供给，又可经适度的阳光照射皮肤合成，家长除了要注意食物选择以外，应该尽量抱孩子到户外活动，接受适度的阳光照射。

（2）维生素D与甲状旁腺共同作用，可以维持血钙的稳定，这对正常骨骼的钙化、肌肉收缩、神经传导以及体内所有细胞功能的维持都会起到重要作用。

（3）哺乳期母亲可适量补充维生素D，以提升母乳中维生素D的含量。

（4）婴幼儿缺乏维生素D，易发生佝偻病，但过多服用维生素D可能会引起急性中毒。

2. 防治佝偻病食疗方

（1）胡萝卜猪肝排骨汤面

原料：猪排骨250g，猪肝20g，胡萝卜20g，菜心20g，面条50g，盐、食用油各适量。

做法：① 猪肝洗净后剁成泥；② 胡萝卜、菜心洗净后切碎；③ 猪排骨洗净切块，取锅加入清水，放入猪排骨熬汤，煮沸后清理掉浮起泡沫，再用文火煮1小时后捞出猪排骨；④ 炒锅放油，分别将猪肝泥、胡萝卜碎、菜心碎微微炒熟，再放入汤中；⑤ 汤烧开后放入面条，煮熟，调入盐，拌匀即可。

用量：可隔天一次，不宜连续服用。

注意事项：佝偻病的防治食疗方主要适合学龄前阶段或学龄阶段的孩子食用。该汤面食材较多，适用3岁以上的孩子，且要在孩子消化好的时候食用。

（2）盐炒核桃

原料：核桃仁适量，粗盐适量。

做法：① 将粗盐放入锅中，用武火炒热；② 加入核桃仁，不断翻炒至熟，盛出；③ 挑拣出核桃仁装入瓶中，食用时取出即可。

用量：每次5g，每天1～2次。

功效解读：核桃可固肾健脑，补充维生素A、维生素D，是防治佝偻病的有益食材。

特别提醒:

3 岁以上的孩子需在消化好的时候服用，3 岁以下的孩子服用需磨成细粉状，每次 2g。

● 正确补锌

　　锌是人体必需的微量元素之一，常被人们誉为"智力之源"，锌能增强人体的抵抗力，促进孩子的生长发育，如果处于生长发育期的儿童缺锌，会导致免疫力低下，严重时还将会导致侏儒症和智力发育不良。

　　常见的补锌食物包括牡蛎、瘦牛肉、瘦猪肉、瘦羊肉、鱿鱼、蛋类、牛奶、麦芽、鱼肉、动物肝脏、芝麻、核桃、花生、南瓜、茄子、紫菜等，家长可以根据孩子的喜好、食材消化的难易程度等，在其饮食中适当添加合适的食材。

特别提醒:

◎婴幼儿、儿童和青少年的生长发育速度较快，对锌的需求量很高，但往往由于饮食搭配不合理，造成锌摄入量不足。家长应重视起来。

◎锌能维持孩子的正常食欲，缺锌会导致孩子味觉下降，出现厌食、偏食甚至异食。

◎锌在人体小肠内被吸收，但婴幼儿最易腹泻，腹泻造成锌在肠内的吸收减少，故经常腹泻的小儿易缺锌。

◎缺锌的患儿可在医生的指导下选择服用补锌制剂。

◎有些家长会疑惑，为什么给孩子食用了补锌食材后还是没有效果，孩子营养依旧缺乏。此时家长一定要明确，营养的补充要在消化吸收能力较好的基础上进行，否则营养元素的补充不能被真正吸收并发挥作用，所以先提升孩子的脾胃功能很重要。

正确补铁

铁是红细胞成熟过程中合成血红蛋白必不可少的原料。营养性贫血是指因缺乏造血所必须的营养物质，如铁、叶酸、维生素D等，使血红蛋白的形成或红细胞的生成不足，以致造血功能低下的一种疾病。多发于6个月至2岁的婴幼儿。中医学把本病归属"虚劳""血虚"等范畴。并认为血液来源于脾，根本在肾并涉及心脏和肝脏。如果脾胃虚弱，不能运化水谷精微，气血生化之源不足，就会产生贫血。因缺铁造成的免疫下降、代谢紊乱会影响孩子的生长发育，家长要高度重视。

常见的补铁食物有猪肝、猪瘦肉、猪血、鸡蛋（尤其是蛋黄）、新鲜连根菠菜、糯米、红枣等。与直接补充铁剂相比，通过食疗来补充铁元素的吸收效果更佳。在日常的烹调中，家长可以适当选用上述食材，无论是给孩子炒菜还是熬汤、煮粥等，都能起到很好的补益效果。

特别提醒：

容易贫血、经常哭闹、易激惹、注

意力不集中等都是孩子缺铁的表现，家
长在日常生活中应留心观察，及时发现
孩子身体可能存在的异常情况。

关于益生菌和乳铁蛋白

1. 益生菌

孩子的肠道菌群会自行调节到一个
平衡的状态，长期服用益生菌，反而会
扰乱机体内部环境的和谐。国外最新的
研究也表明，一些益生菌是没有办法通
过口服在体内定植的，也就是说，吃了
很可能也没用。一般情况下，孩子可以
服用抗生素1~2周，但不建议长期吃。
对小宝宝而言，母乳是益生菌最好的来
源之一。

2. 乳铁蛋白

乳铁蛋白和免疫球蛋白是人初乳的
核心组成部分，可以帮助宝宝抵御外界细
菌和病毒感染。但是乳铁蛋白只能提供
给宝宝最初的免疫力，而不能提高其免疫
力。没有哪一种单一食物能提高宝宝免疫
力，需要多种方法配合才能达成。而提高
免疫力最全面的也只有母乳了。

PART 03

如何让孩子少感冒、少发烧、睡眠好？

感冒（流感）最全应对策略

感冒是怎么回事

感冒，又称上呼吸道感染，简称上感，指呼吸道上部的鼻、咽和喉部的炎症。常见的急性鼻炎、疱疹性咽峡炎、咽结合膜热、急性咽炎、急性扁桃体炎等其实都属于感冒的范畴。

常见症状为打喷嚏、鼻塞、流涕、咳嗽等，一年四季都会发病，冬春季节交替时较多。由于小儿抵抗力较差，容易感冒，甚至引发咽痛、咳嗽或其他急性炎症等，家长一般都比较紧张，实际上它只是呼吸道中病位最浅的疾病。

预防孩子感冒有哪些措施

孩子早上起来咳嗽，连着打喷嚏，流鼻涕，一整天在吸鼻子，这就是明显的着凉受寒表现。防止孩子感冒着凉，家长要做好以下这几点。

1. 保护好孩子的神阙穴

神阙穴就是肚脐，它位于腹之中部，是下焦的枢纽，又邻近胃与大小肠，该穴能健脾胃、理肠止泻。所以神阙穴是守护脾的关键穴位，它最重要的作用就是培元固本。肚脐是剪断脐带后才闭合的，是腹部脂肪最单薄、皮肤最薄嫩的地方，说明神阙穴最容易受寒，需要特别保护。

秋季，天气开始转凉，这个时候孩子最容易感冒，尤其是入睡后下半夜经常会将被子踢掉的小孩，家长要在孩子入睡后在肚子上裹上一张薄薄的毯子，以防孩子踢被后肚子受凉；或者给孩子穿长裤（裤腰高一些、高过肚脐的裤子，俗称高腰裤），这样就能盖住孩子的小肚皮，也不用担心下半夜孩子踢被子了。

2. 不要让孩子脚底受寒

百病从寒起，寒从脚下生。脚底是人的"第二心脏"，分布于脚部的经络穴位多达60多个，与各脏腑器官一一对应。夏天的时候地板温热，让刚学步的孩子光着脚丫在地板上走路确有益处，但到了秋冬或天凉时，地板冰冷，不能让孩子在家里光着脚跑来跑去，只要双脚受凉，第二天就可能感冒。如果想让孩子光脚走路，可以铺上垫子或者地毯。所以小一些的孩子要穿上袜子、鞋子，大一些的孩子要养成穿拖鞋的习惯，晚上睡觉时不要让孩子的脚底吹风受凉。

3. 避免孩子体内寒湿

如果孩子内生寒湿，晚上睡觉稍微受一下凉，再感外邪，第二天肯定就要感冒了。防止孩子感冒着凉，不仅晚上睡觉的时候要注意，更多的是在日常细节上家长要做到位。

首先不要让孩子积食或者生湿。每周1次三星汤助消化，如果孩子体质偏湿，就加一味木棉花祛湿。这四味药都很温和，小宝宝也可以用。或者喝安秋方，针对性会更强。如果孩子有感冒迹象要及时处理。发现孩子开始感冒打喷嚏，又有点消化不好的表现，可以给孩子喝3天保济口服液。（这个时候喝三星汤效果就不明显了）最关键的是顾护好孩子的脾胃，增强抵抗力。孩子消化好的时候有针对性地健脾胃，改善孩子的整体体质状态，才是让孩子不生病最根本的方法。

小儿安秋方

原料：炒谷芽10g，炒麦芽8g，陈皮2g，乌梅5g，莲子5g，百合8g，煲瘦肉汤。

用法：喝汤不吃渣，大小皆宜。一周2次。

功效：消食健胃，理气润燥。

特别提醒：

如果孩子已经打喷嚏、咳嗽、流清鼻涕，除了喝汤，还可以加上保济口服液。感冒严重的孩子要及时看医生。

4. 提高抵抗力

让孩子少感冒，最根本的办法是强健孩子体质，提高抵抗力。而儿童体质的根本，就在于脾胃的顾护，可以通过以下几点达到目的：

第一，减少对孩子脾胃的伤害。包括总是哄喂不吃饭的孩子，过度给孩子喝凉茶，动辄就用抗生素等，这些都是常见的伤脾的做法，也是很多家长不经意间让孩子经常生病的做法。

第二，坚持让孩子吃软、吃暖、吃温的饮食原则。古代医家的"养子十法"中提出，孩子要吃软烂的东西，不能吃冷食，更不能吃寒食，只有这样，才能顾护好脾胃，是提高孩子抵抗力的根本。

第三，以孩子消化情况为饮食标准来调整孩子的饮食分量和次数。孩子的脾胃情况，很多时候反映他们的消化状态，家长要学会判断，从而调整给孩子饮食的分量、次数，而不是照本宣科、机械的定时定量。

及时发现孩子生病的征兆

孩子生病会有一个过程，发病初期都会有一些明显的症状，如果家长细心留意，就会有所发现。

精神、情绪不佳。如果发现孩子精神不好，萎靡、没有兴致，与日常表现不太一样，那么家长就要警惕了。孩子生病，大多数是先表现在精神方面。比如平常很调皮的孩子，突然变得很安静，变"乖"了，没什么情绪了，家长就要有所留意了。

食欲、睡眠、粪便异常。如果孩子突然间没胃口，饭也不吃，奶也不喝，晚上睡不安稳，翻来覆去甚至啼哭，又或者粪便不正常，比如便秘、大便硬结、便溏等，那家长也要注意，这个时候很可能是积食了，孩子积食，就很容易生病。

打喷嚏、流鼻涕、咳嗽等。早上起来听到孩子连打喷嚏，进而流鼻涕，或者孩子几声干咳，这些都是比较明显的感冒初期的表现。是外邪入侵时被挡在鼻腔、咽喉部，如果孩子防御能力弱，体质差，可能就会生病，感冒发烧。

特别提醒：

如果发现孩子有生病征兆，先不要急着给孩子吃药，因为这些征兆并不能代表孩子一定就会生病或者已经生病了，所以此时密切关注才是首要法则。如果孩子的消化情况一般，可以给孩子喝三星汤助消化，配合素食。尽量避免比较剧烈的户外活动，不要让孩子玩得太疯，情绪过度兴奋。家长也可以用小儿推拿来帮助孩子降低发病的概率，这比吃药更安全，如帮其做"工字搓背"，效果是很明显的。工字搓背的部位包括督脉、大椎穴、肺部重要穴位及肾脏重要穴位，所以具有通督脉和强肺肾的功能，可治疗由于督脉不通导致的肺肾两脏相关疾病。

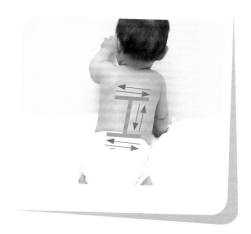

推拿定位：工字搓背位于背部，成工字形，由脊柱正中线和上背部"肺腧""身柱"所在横线及腰部"肾俞""命门"所在横线组成。

操作方法：操作顺序如图所示，每天早晚两次，3岁以上的孩子每次300下，1～3岁的孩子每次100下，1岁以内的孩子每次50下。

推拿功效：温补阳气、行气活血、强身健体、止咳平喘。孩子受寒、流鼻涕、咳嗽，在感冒初期的时候，可以用工字搓背法来治疗。

重视辨证食疗

1. 感冒的病症分型

感冒有不同的证候分型，包括风寒感冒、风热感冒、暑湿感冒、虚人感冒、时行感冒等。中医诊疗讲究辨证，准确辨证才能有针对性地进行用药、推拿、生活起居与饮食的调理。当孩子生病时配合选用西药与推拿，能简单快速地达到良好的疗效，如果要食用中成药，一定要听从医生的指引，不能自己随意配药或盲目听信某些偏方。

病症分型	症状表现	针对治法
风寒感冒型	流清涕，打喷嚏，头痛，咳嗽，恶寒，发热轻，无汗，喉痒，咽部不红肿，舌质淡红，舌苔薄白，脉浮紧，指纹浮红。多见于冬春两季	发表解肌，温经散寒
风热感冒型	鼻涕浓稠或鼻塞，头痛，咳嗽，明显发热，喉咙红肿，怕风，有汗或无汗，痰质较黏稠且呈黄色，口干喜饮，舌质红，舌苔薄黄，脉浮数或指纹浮紫。多见于春夏两季	解表散邪，清热
暑湿感冒型	怕冷，发热，肢体困重，关节酸痛，舌苔白腻，脉濡，指纹滞。多见于夏季	清解暑湿，疏通经络
感冒夹滞型	因积食化热引发的感冒，大便不正常（常伴随便秘），睡觉不安稳，有口气，舌苔厚腻，肚子胀痛，胃口不佳	化积，发汗

（续表）

燥邪感冒型	以鼻干、口干、咽干、皮肤干燥为特征。其中，温燥有发热、微恶风寒、头微痛、口渴、心烦、目痒、少痰、舌质红、舌苔薄黄而干、脉浮数、指纹浮的表现；凉燥有发热轻、恶寒较重、头痛无汗、咳嗽少痰、不渴、皮肤干燥、舌质淡红、舌苔薄白、脉浮、指纹浮的表现。多见于秋季	解表润燥

2. 感冒的对症食疗方

风寒感冒型、风热感冒型、感冒夹滞型均是孩子多发的感冒类型，家长可选用以下对症食疗方，帮助孩子减轻病情。

（1）葱头红糖姜水

原料：白葱头3个，生姜2片，红糖适量。

做法：水沸放入白葱头和生姜，煮15分钟，加入适量红糖调味。

适用范围：风寒感冒型。

功效：祛风散寒。

（2）桑菊饮

原料：桑叶6g，菊花10g，蝉衣3g，芦根8g，川贝3g。

做法：将上述药材加水（水量高过药面2~3cm），煮沸后小火熬20分钟，取汁饮。必要时加适量冰糖调味。

适用范围：风热感冒型。

功效：疏风清热。

（3）三星汤

原料：谷芽10g，麦芽10g，山楂5g。

做法：上述原料同煎煮半小时，取汁饮。

适用范围：感冒夹滞型。

功效：消食导滞。

特别提醒：

通过孩子的舌苔、口气、粪便、睡眠判断其消化情况，若有明显的积滞，可用三星汤帮助消食导滞；如果伴随有感冒症状，可以用保济口服液；若腹痛、厌食症状明显，可以用四磨汤口服液。

区分感冒的不同程度

孩子感冒，家长首先要判断孩子有没有发烧。

1. 没有发烧

如果孩子只是打喷嚏、流鼻涕，没有发烧，家长可以先让孩子停止去幼儿园或者兴趣班，在家里休息。让孩子多喝点水，饮食清淡，让肠胃休息，适当添加衣服保暖，一般两三天能痊愈。

出现严重鼻塞的症状时，可以食用一些能够减轻鼻黏膜充血的感冒药，如惠菲宁。出现喉咙痛的情况则需在饮食上忌口，忌食辛辣刺激食品，其次要多饮水，再使用一些清热利咽的含片或喷雾剂喷喉，如喉特灵、喉可安、金喉健。偶尔出现咳嗽症状，可能只是咽炎，判断确定后可以按照喉咙痛来处理。如果以上情况3天内没有缓解甚至加重，或者咳嗽加剧，建议及时去看医生。

2. 有发烧

发烧体温比较高时可以使用较为安全的西药退烧，如美林和泰诺林。若孩子感冒已有3～4天，时而怕冷时而怕热，则属于寒热夹杂，半表半里，喝一点小柴胡最合适。另外，饮食上要清淡，可以给孩子喝竹蔗马蹄饮帮助退烧，生病期间不能再喝补益汤水。发烧较严重者，建议去看医生，找到发烧的原因，对症使用药物治疗。

3. 严重感冒

手足口病、疱疹性咽峡炎、流感等疾病一般会伴有高烧，除了及时使用安全的退烧药帮孩子退烧之外，不建议家长在家里乱用其他药。

孩子经常发烧，如何从容应对？

发烧是怎么回事

　　孩子发烧，家长最为担心，一旦超过39℃，那就会更加紧张。孩子发烧，从中医方面讲是正邪相争的表现，相当于两军交战，打得不可开交，就会表现为体温升高，发热。从西医方面讲，则说明小儿有免疫能力，是孩子体内的免疫机制在发挥作用。所以孩子发烧在某种程度上是好事，说明孩子有免疫力，正气在发挥作用。有的孩子瘦小面黄，看起来没什么气力，各种小毛病多，但却不怎么发烧，这样其实反而不好，可能说明孩子正气不足，无法抵御疾病。这样的孩子一旦生病，往往会比较严重。

　　所以，发热本身并不是一种疾病，而是某种疾病的前兆或者症状。孩子发热，其实是在提醒家长，孩子的健康出现了小问题。

● 孩子什么情况下会"烧坏"

发热，也称发烧，在儿科中是很常见的。很多家长担心不及时退热会损害孩子大脑，所以，一遇到孩子发热，就觉得特别严重，手忙脚乱。有的家长急着给孩子服用各种退烧药或抗生素，其实，胡乱用药比发烧本身对孩子的伤害更大。

大多数情况下，发热是人体自身对外来侵入"异物"（病原体）的一种保护反应，是人体免疫系统对抗病邪的一个过程。体温升高本身不会对大脑造成直接伤害。当然，体温升高，机体会出现一些生理应力性改变，如心动过速、肌肉酸痛等。也会对神经系统带来暂时的负面影响，会出现嗜睡或过度兴奋（如说胡话，高热惊厥）。但这些伤害都是暂时的、功能性的，并不会造成器质性的损害。

第一个要判断和处理孩子发烧的，不是医生，而是家长！所以家长能否做出正确的判断和处理尤为重要。家长首先要对发烧有正确的理解。发热也分不同的级别，分别有低热、中等热、高热和超高热。

（1）正常体温：36~37.5℃

小孩的体温会比成人略高一些，在这个范围内都是正常体温。如果体温低于36℃，甚至低于35℃，这种情况虽然少见，但是很危险，家长要知道一旦遇到了要怎么处理。

（2）低热：37.6~38℃

这是比较常见的，很多不太严重的感冒也会伴随着低热。

（3）中等热：38.1~39℃

这是孩子最常见的发热。高于38.5℃可以服用退烧药，服用的同时最好使用一些辅助退热的方法，如多喝水、小儿推拿等。

（4）高热：39.1~41℃

孩子体温一旦超过39℃，家长就会很紧张，手忙脚乱，甚至给孩子乱用药。心里紧张是可以理解的，但是用药就要特别谨慎，尤其是高热时的用药。这时要给孩子吃儿童退烧药，防止出现超高热。

（5）超高热：高于41℃

高于41℃的发热并不多见，这种情况较为危险，是真正有可能"烧坏脑"的发热。此时要马上去医院就医，不能迟疑。

特别提醒：

对孩子身体直接引起损伤的体温异常包括低体温和超高热。即孩子体温低于36℃，尤其是低于35℃，或者高于41℃的时候，这两种情况下家长不要犹豫，要马上送孩子到医院急诊就医。

如何帮助孩子退烧

1. 物理降温

孩子体温调节的能力差，非常容易引起发烧，一般来说，如果孩子的体温不到38℃，建议先采用物理降温而不是药物降温。物理降温的方法有很多，相较而言，不但做法简单，而且不存在药物副作用。下面介绍几种常用的物理降温方法，可以帮助孩子降低体表温度，如温水擦浴、泡温水浴、泡脚发汗等。

（1）头部冷敷

头部冷敷是最常用、最方便的物理降温方法。家长可以用凉水浸润毛巾后拧干敷在孩子的额头，每10分钟更换1次。适用于发烧但温度并不特别高的孩子。

（2）冰袋冷敷

将适量的冰块砸碎，磨平冰块的棱角以防扎伤孩子。再将碎冰块放入冰袋，混入适量的冷水，外面包裹毛巾，敷在孩子的额头上。如果家中备有退热贴可代替冰袋冷敷，使用更简便。

（3）温水擦浴或泡温水浴

温水擦浴法适用于高烧患儿的降温。宝宝发烧时往往循环欠佳、手脚冰凉，加上头部的散热量本就很大，因此选择用32～34℃的温水擦拭宝宝的皮肤，头部、腋下、腹股沟、肘窝、腋窝、手心、脚心等部位能促进血液流动、改善末梢循环，有利于散热，加快宝宝体温的下降。但是，不建议对小宝宝的前胸、腹部和颈后采用温水擦浴的方法，这些部位因为有心脏、胃肠等重要器官，而且非常敏感，一旦给予不适宜的温度刺激，可能会引发反射性的心率减慢或出现腹泻等不良反应。若是出疹的孩子发烧，尽量不要用温水擦浴降温，避免刺激皮肤，加重感染。如果宝宝发烧时精神状态很好，就可以泡温水浴，帮助宝宝快速散热，水温要控制在27～37℃，注意不要给宝宝洗热水澡，否则会导致全身血管扩张、增加耗氧量，容易引起缺血缺氧，使病情加重。给发烧的孩子用温水擦身或者泡澡时，要特别防范其再一次受凉。

（4）增加水分摄入

孩子发烧很大原因是水电解质紊乱。给孩子多喝水，补充体液，这是最基本的降温方法，而且非常有效，适合于所有发烧的孩子。要给孩子喝温水而不是凉水，因为孩子发烧时经常伴随有胃肠道症状和咳嗽，喝凉水会加重这些伴随症状。用37℃左右的温水较为适宜。

此外，温水泡脚、热毛巾洗脸等也都是较好的简便退烧的方法。

2. 退烧药

常用于孩子退烧的西药有美林、泰诺林。要注意的是，美林和泰诺林这两种退烧药不能在短时间内交替服用，许多家长降温心切，在给孩子服用一种退烧药后，两小时内还没降至正常，就赶紧又换另一种退烧药，更有甚者两种退烧药同时给孩子吃，以为效果快。殊不知这样做不但不能有效降温，反而会导致孩子体温调节中枢的紊乱，对孩子的伤害更大！要注意，同类退烧药使用间隔时间不能少于6小时。不同退烧药交替使用间隔时间不能少于2小时。使用退烧药时，要注意水分的摄入。

此外，如果吃了退烧药就不能同时用冰敷退烧，因为冰敷使局部皮肤毛孔收缩，阻碍了退烧药的发汗功效。

3. 小儿推拿

无论是退烧药还是冰敷降温，都不是解决孩子发烧的根本手法，要让孩子真正退烧，就要找到病因，从根上入手。孩子发烧时，家长不必急于马上采取退热措施，应先弄清小儿发烧的原因是感冒、食滞了，还是感染了手足口病……弄清孩子发热的原因，再进行对症处理和病因治疗，效果是立竿见影的。

最常见的对症处理方法就是吃药和食疗。对症用药，孩子就会好得快，中医绝对不是慢郎中，但是这个需要好的医生来判断。而且是药三分毒，药物本身对孩子五脏是有伤害的，中医讲究孩子用药要"轻灵"，就是要避免攻伐太猛的药对孩子身体的损伤，这可能比生病本身对孩子体质带来的伤害更大。而孩子高烧状态下，通常是没有胃口的，消化吸收能力也弱，食疗在前期预防和病后帮助恢复方面，可能效果更为显著。

既能够对症，达到快速有效，又能避免使用退烧药给孩子身体造成伤害的"法宝"，就是中医的外治法——小儿推拿。发烧本身不是疾病，而是一种现象，一种症状。引起发烧的疾病太多了，而且针对寒、热、虚、实、表、里不同性质的疾病，所用小儿推拿方法也是各异的，甚至有些是相悖的。但是家长不是专业医生，很难做到合理辨证。孩子发烧，无论是寒、热、虚、实、表、里，家长只要掌握一个手法就可以很有效地帮孩子退烧，这个方法就是——清天河水。清天河水是小儿推拿的退烧"王牌"，它可用于实热、虚热等各种热症的退热，且清热又不伤阴，适用病症广，没有副作用，操作也非常方便。

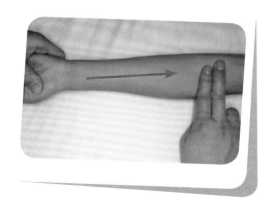

操作方法：

当孩子发烧时，选用清水做介质，用食、中二指指腹从孩子的手掌面腕横纹中点直推至肘横纹中点，为1次。用力宜柔和均匀，推动时要有节律。1岁以下的宝宝清100次左右，1~3岁的孩子清300~500次，3岁以上的可以清800~1000次。通常在左手操作，当体温较高时，可以双手同时或交替操作。

特别提醒：

孩子高烧时，家长可以在家操作清天河水，可降体温1~2℃，但不是只操作3分钟即可，建议操作3~5分钟，休息5分钟再操作，直到体温降至安全范围，视发热情况1天可操作1~3回。孩子常见病导致的高烧，像手足口病等导致的高烧、疱疹性咽峡炎、扁桃体发炎，用清天河水都能达到很好的退烧效果。如果孩子深夜或凌晨高烧，或者是在较偏远的地方发烧，不方便马上去医院，可以先用清天河水的方法给孩子作应急处理，清天河水与药物也可合用，可以在服用退烧药后未起效时操作，帮助尽快退烧。或服用退烧药体温下降后又很快反弹，而还未到下次服用退烧药的时间亦可以操作。

4. 退六腑

如果孩子高烧伴有明显的呼吸急促、面红、口渴等症状，是明显的实热，可在清天河水之后，再做退六腑。

操作方法：

以食、中二指指腹，从孩子的肘尖直推到腕横纹尺侧，相应次数同清天河水。

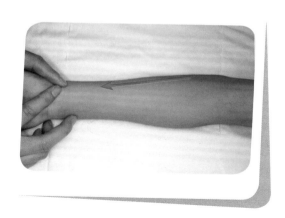

特别提醒：

退六腑在退实热、通腑排便方面的效果显著，但虚热患儿慎用。

孩子发烧吃什么才是对的?

孩子病了，饮食一定要控制，这时候他们的胃肠功能是非常疲弱的，直接表现为没胃口，家长不能按平时的饭量来要求他们。而且这个时候即使吃了也难以消化吸收，只会加重对脾胃的损伤。所以小宝宝吃的奶要稀释，这里说的"稀释"是水不变，奶粉减少。很多家长以为稀释就是用一样分量的奶粉，冲多一些水，这是不对的。添加辅食的宝宝，这个时候辅食要减少或者不添加。大一点的孩子，发烧的时候不能喝汤、吃肉、吃鱼、吃蛋等。很多家长着急给孩子煲汤、吃各种补品，反而害了孩子。

孩子发烧的时候，家长可以配合以下的饮食，帮助孩子退烧和恢复。

（1）米汤

原料：大米适量。

做法：将大米煮成稀烂白粥，放温，取米汤，分次服用。

特别提醒：

米汤是古时常用的一道食疗方，只是日常太过于普通，不受大家重视。手足口病的孩子肠胃功能很弱，没有胃口，米汤本身很好消化，也可以及时补充一些电解质。这时候的米汤可以更稀一些，放温放凉后再给孩子喝，以减少吞咽的疼痛感。

（2）素菜粥

原料：青菜20g，大米50g。

做法：青菜洗净，与大米共煲粥。

（3）胡萝卜汁

原料：胡萝卜50g。

做法：将胡萝卜洗净，榨汁即可。

此外，孩子喉咙发炎引起的高烧，可以配合蜂蜜水、柠檬水、芦根竹蔗饮等饮品辅助退烧，效果也很好。（注意：1岁以内的小宝宝不能吃蜂蜜）如果是受凉引起的发烧，可以

用温性的食疗来帮助退烧，红糖生姜水就是很不错的选择，但是要在医生的指导下使用。

宝宝反复发烧怎么办？

1. 反复发烧是疾病的一个正常过程

上呼吸道感染的急性期，宝宝经常需要经历一个发烧的过程，可能一开始是低烧，然后体温逐渐升高，然后再慢慢退烧；或者有的一开始就是高烧，而这个过程通常要三四天或者更长。中医认为，发烧是一个邪正斗争的过程，而现代医学认为这是体温调定点上升导致体温的升高。发烧是身体在疾病过程中的一个正常反应，生病的时候机体就需要通过体温升高来提高代谢频率，以此来抵抗和消灭病原体。

2. 家长太担心，反复就医对宝宝并不好

很多家长对发烧有误解，认为发烧是不好的，着急给宝宝退烧，所以一旦宝宝发烧，

就急急忙忙去医院看急诊，急诊一吊针就退烧了。但退烧后过一段时间又发烧了，又非常担心而去看医生打吊针。这样反反复复去不同医院就诊，如果就诊医院不了解情况，往往会给孩子打消炎针和用激素类药物，如果这样反复吊针输液，对宝宝来说很容易造成药物用量超标，这对宝宝反倒是非常不利的。

3. 宝宝反复发烧应该怎么处理？

对于急性上呼吸道感染，如果是细菌感染，医生一般都会开口服抗生素以抵御细菌感染。如果是病毒感染，医生会开抗病毒的药治疗。如果看中医，也会开中药。一般来说，如果有足量药物治疗上呼吸道感染，宝宝还是反复发烧，只需要口服退烧药或者物理降温来对症处理就可以了。宝宝体温超过38.5℃时，就可以口服对乙酰氨基酚（如泰诺林）或布洛芬（如美林）同种退热药，使用间隔至少要大于6小时。如果发烧比较严重，也可以两种药交叉使用，但使用间隔至少要大于2小时。需要注意的是，如果发烧的时候宝宝精神状态不好或者过了几天病情没有改善，甚至加重，或者发热超过3天，那就要及时看医生调整用药方案，或者住院观察。

专家连线，孩子发烧常见问答

问题一：有医师说孩子轻度发烧是有好处的，那我们是否还需要给宝宝积极退烧呢？

回答：孩子发热像一个"警报"，一方面让家长知道孩子的身体出现了异常，一方面说明是其体内防御系统在运行，以杀死外来病原体。因此孩子发烧确实是有好处的，但是如果宝宝处于"高度发烧"或"超高度发烧"状态，就需要积极退烧了。

问题二：高烧对孩子有什么不良影响呢？

回答：首先人体体温每升高1℃，心搏就会加快约15次/分。此外，体温升高1℃，基础代谢也会随之增高13%。换言之，体温越高，体内营养素的代谢就越快、氧消耗量也越多，所以，高烧是非常耗费体力的。其次，高烧还会影响消化功能，使消化道分泌物减少，消化酶的活力下降，胃肠运动缓慢，从而导致患儿食欲不振、消化不良、腹胀腹泻。所以孩子高烧时，要控制饮食，更应避免吃鸡蛋等高蛋白食物，以免加重胃肠道的负担。持续的高度发烧或超高度发烧，会引发中枢神经系统和循环系统功能障碍，如果不能及时发现、迅速给予有效的治疗，甚至会引起器官功能损伤，严重者还会造成永久性伤害、多器官功能衰竭，甚至威胁到生命。对于婴幼儿来讲，突然的高热还有引发高热惊厥的风险。

问题三：什么时候要服用退烧药？

回答：孩子发热超过38.5℃时可以使用退烧药。有高烧惊厥史的孩子，发烧达到38℃就要使用。有些孩子在下半夜熟睡状态中高烧，如超过39℃，就要叫醒孩子吃退烧药，配合喂水退烧。

问题四：孩子发烧时有什么需要特别注意的呢？

回答：要控制孩子的情绪，这也是家长经常忽略的地方。孩子发烧或者是刚开始发烧的时候，不能让孩子玩得太疯，或观看很刺激的动画片等。因为孩子一兴奋出汗就多，更加容易感受六淫之邪，而且很容易产生热量，加重发烧的程度。

宝宝睡得好，家长少烦恼

婴幼儿睡眠常识

睡觉是一个动态的过程。很多人以为睡觉就是人体的电源关掉了，停止了活动，什么功能都停止了。打个形象的比喻，孩子睡觉不是把车开进停车场，而是开进加油站，这是他们吸收能量的一个关键时刻。实际上，在睡眠的过程中，五脏六腑依然处于工作状态，有它们的新任务——气机升降、脏腑调和、生长激素分泌。

所以睡觉本身是一种能力。我们会发现身边体质好的成年人一般睡眠质量会比较好，容易进入深度睡眠。反之，体质较差的，睡眠质量就会不太好，甚至会失眠。我们说孩子是"五脏六腑，形而未全，全而未壮"，由于孩子五脏六腑发育尚未成熟，神经系统发育也不成熟，所以睡眠能力也是不完备、稚嫩的。表现出来就是环境适应能力较差、入睡难、整夜难安睡、易惊醒，睡眠过程还会出现啼哭、磨牙、翻来覆去等现象。但是随着孩子的成长，身体发育趋于成熟，睡眠能力就会越来越强。

孩子不好好睡觉是一种较为普遍的现象，家长千万不要责怪孩子，更应耐心调护，寻找帮宝宝睡好觉的方法。

• 睡眠对宝宝的重要性

中医里有句话"食补不如动补，动补不如睡补"，强调睡好觉比食疗和运动都要有效。对孩子而言，睡眠甚至直接影响到生长发育，其重要性不言而喻。

1. 促进大脑发育

睡眠可以促进大脑的发育，科学研究结果表明，相对于睡眠不好的孩子，睡眠好的孩子智商更高。

2. 利于身体长高

良好的睡眠可以促进孩子长高，因为孩子熟睡时生长激素分泌最旺盛，数据显示，70%以上的生长激素都是在睡眠中分泌的。

3. 更具朝气活力

睡眠就是休息，是在为睡醒后日常活动储备能量。只有睡眠充分，孩子醒后才更有精力，能很好地完成日常活动，如运动、吃饭、学习等。

4. 帮助自身修复

熟睡时也是孩子体内各项机能的自身再修复时间。人体本身具备自我修复的功能。当熟睡时，身体不需要去应付外界的干扰，可以专注于自我修复。所以，当孩子生病时，可以让其多睡觉，在睡眠中靠孩子自身的修复能力，也会加快病情痊愈。

特别提醒：

孩子睡眠时间不是越多越好，不同年龄段的孩子睡眠规律不同。新生儿每天睡眠总时长为 16~18 小时，0.5~1 岁的孩子睡眠总时长为 13~15 小时，1.5~5 岁睡眠总时长为 12 小时左右，6 岁睡眠总时长为 9~11 小时。孩子白天也要睡眠，总时长为 1~2 小时，2 岁以内的孩子白天睡两次，2~6 岁白天小睡 1 次。睡眠时间存在较大的个体差异，不能强求一致，如果白天孩子的精神状态很好、发育良好、一切活动正常，睡眠时间少点也没有关系。

睡眠问题及其原因

很多家长会前来咨询宝宝的睡眠问题，说自家宝宝睡眠质量差，半夜经常醒来哭闹，这令家长特别痛苦，还用当下的流行词调侃自家宝宝是"睡渣宝宝"。

其实宝宝睡不好的原因很多，在排除了疾病原因后（生病的宝宝身体整体状态欠佳），一个核心原因就是其生长发育不完全，这是正常的，家长首先要明白这个道理。尤其是百日内的宝宝，晚上睡觉经常哭闹，也可能是因为宝宝大脑神经中枢发育不完善，还没形成规律的生物钟。

生活中对于孩子的哭闹，家长首先想到的是宝宝是不是饿了想喝奶或渴了想喝水，又或者是不是尿片湿了。这些外在的不适和干预因素应引起重视。以下是常见的几种干预因素：

1. 喂养不当

中医理论认为，胃不和卧不安，不合理的喂食导致乳食过量，孩子自然就会睡不好。出生不久睡眠能力很差的宝宝，往往都是胎儿期孕妈妈没有顾护好，先天稍微弱一些的。大一点发育比较成熟的孩子，如果睡眠还是不好，往往是积食或脾虚造成的。孩子在1岁前应尽量戒掉夜奶，这样孩子才会有真正高质量的睡眠。

2. 脏器失调

宝宝自身脏器失调，如受凉导致脾胃虚寒或受热导致心经积热等等。母乳期妈妈的饮食一定要注意，不可过补也不可过于寒凉。小宝宝不能过量饮用凉茶。这些对孩子睡眠都是有影响的。

3. 情志受损

如白天受到惊吓后心气不足、心神不安；玩得太兴奋，或者哭得太厉害，情志失调，情绪波动。由于受到孩子睡眠质量差的影响，往往家中的气氛也会差一些，家长会经常责怪孩子，虽然孩子小，但是这些情绪实际上也会对宝宝产生负面的影响。

4. 作息混乱

孩子出生之后，就要有意识地培养其规律的作息习惯，培养睡眠能力。午睡的时间要控制，有的孩子下午一睡就是三四个小时，在白天睡眠时间过长的情况下，孩子晚上自然就不愿意睡觉了。

5. 环境不舒适

温度太低或太高，灯光太亮，衣服、被子包裹太多或者太少，周围声音很吵等，都会影响孩子的睡眠质量。

特别提醒：

孩子睡不好，半夜经常醒、哭闹，对大人的作息影响很大，对大人的情绪影响也很大（大人睡不好，影响激素分泌，生理影响心理，情绪就会烦躁难控制）。此时家长千万不要迁怒孩子，没有孩子是故意哭闹的，他们也是"身不由己"，家长多一点耐心，坚持科学合理的喂养方式，孩子的睡眠就会慢慢好转。但是如果情况一直没有改善，也要及时到医院检查。毕竟宝宝睡眠质量差，是一个很明显的健康信号，家长要提高警惕。

如何培养宝宝安睡

孩子晚上睡得不安稳是很多家长很头痛的问题。最烦恼的就是宝宝半夜哭，让家长手足无措，天天休息不好，也影响了工作。要想孩子睡眠好，家长们要从以下几个方面入手：

1. 胎儿期，孕妈妈一定要重视胎养

孕期准妈妈要注意饮食、作息合理、心情放松。这个阶段做得好就会事半功倍。胎儿期宝宝发育得更成熟，出生后各方面就会发育得更完全，适应环境的能力更强，睡眠能力就会更好一些。

2. 合理喂养，顾护孩子脾胃

脾胃是后天之本，脾胃功能强，五谷精微的运化能力强，孩子消化吸收得好，发育就

会更快更成熟。如果胎儿期，孕妈妈情绪波动明显，孩子发育就会差一些，孩子出生后就要特别注意对其脾胃的顾护。先天不足后天补，这是很关键的。

母乳是最好消化的，有利于顾护孩子脾胃，有条件的妈妈应该尽量坚持母乳喂养。而且喂养的过程也是安抚交流的过程，对宝宝的生长发育以及情绪调节有很好的促进作用。

避免给宝宝喝太多凉茶，尤其是一些去胎毒的偏方，大多都过于寒凉。也不要夜里强行喂奶。有些妈妈总是担心宝宝夜里会饿，认为七八个小时不进食会影响宝宝发育。其实不然。夜里是宝宝肠胃休息的最好时间，如果宝宝睡着，则不需要强行叫醒宝宝喂奶。否则既不能让其肠胃得到休息，也会打断其睡眠，不利于培养长时间的睡眠能力。宝宝1岁左右就应该断夜奶。宝宝脾胃和，就能解决大部分"卧不安"的问题。

消化不良烦躁不安：二芽汤

原料：3岁以上，谷芽10g，麦芽10g，杧果核10g。1～3岁以内，谷芽8g，麦芽8g，杧果核10g。1岁以下，谷芽5g，麦芽5g，杧果核5g。

做法：①将食材洗净；②汤锅加入1 000mL清水，放入食材，文火煮至300mL左右。

用量：分多次服用，可连用3天。

功效解读：该汤品能消食导滞。中医认为"胃不和，卧不安"，汤品中的杧果核能够健胃、健脾、行气、缓解消化不良。适宜孩子因进食过量（消化不良）引起睡觉不安稳，脾气较大时食用。

过度兴奋烦躁不安：灯心草粥

原料：灯心草5扎（0.5g），粳米50g。

做法：①将食材洗净；②取锅中放入灯心草和粳米，加入清水，文火煮至稀烂即可。

功效解读：中医所说"心有余"，就是指小儿发育迅速、心火易动的生理特点，此食疗方具有清心安神的功效，适用于白天过度兴奋、夜寐不宁的孩子。

特别提醒：

① 除了使用灯心草熬粥，也可以用灯心草煮水。选用灯心草 5 扎（0.5g）、麦冬 5g，

熬煮成清淡的汤水即可服用。②无论是灯心草粥还是灯心草水，较适合孩子心火偏盛时服用，1岁以上的小孩食用，要在他消化好的时候，1岁以下的小孩须在医生指导下食用。

3. 创设良好的睡眠环境

国学大师南怀瑾说："中药西药都不如早点睡觉，佛教道教我还是相信睡觉。"这虽然说的是成年人的养生之法，但是对于孩子来说，睡眠对生长发育的影响更为直接，家长要做好环境因素的排查，为宝宝营造一个安静、舒适的睡眠环境。如果发现尿不湿湿了就要及时更换。小宝宝体温偏高，自身调节能力差，家长要多检查孩子的脖颈后部，根据孩子身体的冷热来添加衣物、被褥。

4. 培养规律作息

起床、入睡时间要相对固定，也要培养孩子睡午觉的习惯，同时避免午睡时间过长。宝宝两三个月大后，家长可以选择天气好的时候把宝宝放在可以平躺的婴儿车里，到户外呼吸新鲜空气，感受阳光，区分日夜的环境差异有利于宝宝生物钟的形成。

5. 顾护宝宝情志，哭闹要安抚

家长要重视宝宝的情绪，白天不要玩得太兴奋或者让孩子哭得太厉害。太小的宝宝，不要见太多生人。宝宝哭闹，千万不能置之不理，不要以为是在锻炼他，实际是在伤害他。要常给孩子讲故事或者听音乐，适当做一些小儿推拿或抚触，多安抚以提高孩子安全感，这些都有助于安睡。

6. 睡前抚触孩子，能结合专业的小儿推拿法则更好

可以帮孩子推坎宫，或者按揉安神特效穴——小天心。也可以给孩子摩腹，排胀气和助消化。越小的孩子，小儿推拿保健的效果越明显。推拿时速度可以慢一些，轻缓一些，做的过程跟宝宝温柔地说话，唱摇篮曲也很好。有的孩子做着做着就睡着了。

● 用小儿推拿帮助孩子睡得香

　　小儿推拿在治疗小儿夜啼方面优势明显、近远期疗效显著，在过程中要遵循兼顾整体、调理阴阳的原则。小天心是小儿推拿中治疗孩子夜啼的特效穴，捣揉小天心能够镇静安神。如果孩子晚上睡得不安稳，家长又没有找到确切的原因，可以先帮孩子捣揉小天心。

　　小儿夜啼的原因非常多，而且常常会多因素夹杂。如果要想彻底解决孩子夜啼的问题，一定要对症。下面是小儿夜啼常见的四个类型和相应的推拿治疗方法。

类型一：消化不良

具体症状：如果孩子夜间哭闹是阵发性的，伴有脘腹胀满、呕吐乳块、大便酸臭等，就是消化不良。

小儿推拿方：清脾经、运板门、平推大肠，平均100～300下。

作用功效：可消食导滞，健脾胃，孩子积滞一消，体内轻松，自然就睡得香了。

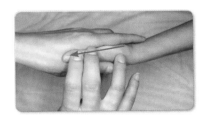

（1）清脾经

标准定位：脾经在拇指桡侧缘，或是拇指螺纹面。

推拿方法：循拇指桡侧缘，由指根向指尖方向直推。

（2）运板门

标准定位：板门在手掌大鱼际的平面。

推拿方法：用拇指以顺时针揉板门。

（3）平推大肠

标准定位：在食指桡侧面，自指尖向虎口呈一直线。

推拿方法：自虎口（指根）推向指尖，再从指尖推向虎口。

类型二：受惊吓

具体症状：如果孩子睡眠期间时作惊惕，紧偎母怀，哭闹时有大人哄拍啼哭即减弱，或每晚定点哭闹，多是由于孩子受到了惊吓。

小儿推拿方：平推肝经100~300下、轻掐山根9下、揉涌泉穴30~50下，此法睡前做较佳。

作用功效：治疗小儿惊惕不安、夜眠哭闹等。

（1）平推肝经

标准定位：肝经在食指末节螺纹面。

推拿方法：用推法，从食指掌面末节指纹推向指尖，再从指尖推向掌面末节指纹。

（2）轻掐山根

标准定位：山根穴在两目内眦连线中点。

推拿方法：用拇指指甲轻掐。

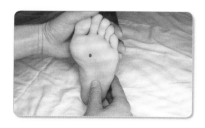

（3）揉涌泉穴

标准定位：涌泉穴在脚底部，脚掌底前1/3和后2/3的交界处。

推拿方法：用拇指轻揉。

类型三：脾脏虚寒

　　具体症状：如果孩子睡喜伏卧，夜寐哭闹时弯曲身体或喜抱枕头，同时四肢欠温，或伴食少便溏，说明孩子是脾脏虚寒。

　　小儿推拿方：推三关、补脾经、揉外劳宫，平均100～300下。

　　作用功效：健脾胃。

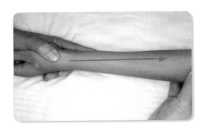

（1）推三关

标准定位：　三关穴在前臂桡侧，腕横纹至肘横纹成的一
　　　　　　条直线。

推拿方法：　用拇指桡侧或食、中二指指面，自腕横纹推
　　　　　　向肘横纹。

（2）补脾经

标准定位：　小儿脾经位于拇指指末节指腹。

推拿方法：　循拇指桡侧缘由指尖推向指根。

（3）揉外劳宫

标准定位：　外劳宫穴在手背第二、第三掌骨中点。

推拿方法：　用拇指或中指轻揉。

类型四：心火旺

具体症状：如果孩子睡喜仰卧，见灯光则啼哭愈甚，烦躁不安，甚至家长越哄孩子越哭得厉害，则说明孩子心火旺。

小儿推拿方：捣揉小天心、清心经、清天河水，平均100～300下。

作用功效：治疗五心烦热、心血不足、晚上睡觉哭闹等病症。

（1）捣揉小天心

标准定位：小天心在手掌的掌面大小鱼际交界处的凹陷。

推拿方法：用食指或中指的指端来揉，称为揉小天心；用中指尖或中指屈曲以第一指间关节突起处捣，称为捣小天心。

（2）清心经

标准定位：中指末节的螺纹面。

推拿方法：用推法从中指的掌面末节指纹推向指尖。

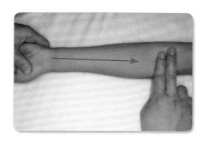

（3）清天河水

标准定位：天河水在前臂内侧正中，腕横纹至肘横纹成一直线。

推拿方法：用食、中二指指面，从腕横纹推向肘横纹。

从一个典型案例剖析孩子的睡眠问题

家长疑难：女宝一岁半，体重9公斤，身高75cm，从8个月开始大便次数增多，每天三四次，但大便性状正常，成糊状或成形，但从那个时候开始夜啼，严重的时候每小时哭1次。开始做小儿推拿和服用中药几天后，夜啼稍微改善，但大便次数还是两三次，请问如何改善孩子夜啼和大便次数多的问题？

诊疗分析：宝宝年龄一岁半，体重9公斤，身高75cm，这是1岁宝宝的最低标准。如果没有患有特殊疾病，可以判断出她的脾胃功能比较差，营养无法吸收，生长发育也较为缓慢，所以家长要经常关注她的消化情况。

其实，每天三四次大便也算是正常的，判断宝宝的消化情况正不正常主要看大便的形状、味道、颜色、时间、次数，同时要看宝宝的舌苔厚不厚，晚上睡眠质量好不好等。如果想要判断孩子的消化情况，家长只需每天花10秒钟观察宝宝的上述表现。如果消化不好，一定要及时助消化，素食两三天，配合三星汤。

总的来说，这个宝宝的肠胃功能比较弱，"胃不和，卧不安"，晚上睡觉就会啼哭。因此建议家长不要给宝宝吃太饱，要吃一些比较容易消化的食物。少吃多餐，慢慢调整，脾胃功能好一些，大便就会正常了，晚上睡觉也就不会再哭闹了。

PART 04

家长应避免
的育儿误区

误区一：
奶粉有"热"，要给孩子多喝凉茶

　　奶粉为孩子婴幼儿时期最主要的食物，无论是国产的，还是中外合资的奶粉制品，绝大多数营养成分充足、搭配均衡合理，是经过长期的科学实验研制而成的，最适合宝宝在婴幼儿阶段服用。但为什么会有不少的家长认为奶粉"热气"呢？主要是有些孩子吃了奶粉以后，有时会出现"口气大"（口气秽臭）、大便硬结、舌苔厚浊、眼屎过多等症状，家长认为这些就是有热的表现，必须常给孩子服用凉茶清热解毒，以免"上火"，殊不知这样一来，孩子"上火"的症状却越来越严重。

　　中医强调"儿为虚寒"，而凉茶又是寒凉之物，孩子饮用后只会加重身体的虚寒，身体脏腑机能就变弱，气血更加难以运行。因此给孩子喝"下火"的凉茶，或清热解毒的药物是不科学的，上述所谓的"热气"症状，与服用奶粉没有直接的联系，而与婴幼儿胃肠道功能发育不成熟和不合理的喂养方式有关。小儿"五脏六腑成而未全、全而未壮""脾常不足"，脏腑功能发育不成熟。因此，家长选择的喂养方式应该讲究科学性，不能照本宣科或一味地追求高营养、饱食、精食，而不顾及小儿的承受能力、吸收能力和个体差异性，否则就会令原本就不足的脾胃功能更加虚损，得不偿失，吃进去的东西反为"食滞"，从而出现"口气大"、大便不调（稀烂或硬结等）、舌苔厚浊等，达不到增加营养的目的。

误区二：
七星茶是小儿开胃消滞良药，适合经常饮用

　　小儿七星茶由谷芽、麦芽、山楂、钩藤、蝉衣、淡竹叶、芦根七味药组成，其功效主要为消食导滞、清热安神，其组方的指导思想与小儿生理病理特点——"脾常不足""肝常有余""心常有余"有关，中医认为小儿易食滞，易出现心肝蕴热的表现，故方中有消食导滞的三星（谷芽、麦芽、山楂），又有清心肝蕴热、安神之钩藤、淡竹叶、芦根、蝉衣四星，组方精妙，确实是儿科保健常用方剂。

　　但凡事过犹不及，若片面认为七星茶具有消食导滞的功效，而忽略其兼有的清热安神作用，长期饮用势必会造成攻伐太过的不良后果，损伤中阳之气，让孩子原本就"不足"的脾胃功能更加脆弱。长久下去，胃之受纳、脾之运化虚衰，功能失调，孩子反而经常会出现消化不良的情况。

　　再者，中医理论认为"脾土生肺金"，形象地将脾与肺的紧密联系概括为"母子关系"，由于脾土不足而影响到肺金，因而，孩子在消化不良的时候，往往还伴随着咽喉发炎、感冒、咳喘等呼吸道的疾病。

　　所以，小儿七星茶不宜作为长期饮用的药物，天天喝、日积月累地喝，过度消化，孩子是不会强健的。改善积食的重点在消化，消化能力提升后可适量补充健脾汤水。

误区三：
小儿眼屎多，是上火了

孩子出现眼屎多的情况其实是由很多方面的因素造成的，常见的原因包括孩子眼睛本身的炎症、风沙入眼、眼睛的过度疲劳、不良的卫生习惯（如用手揉眼、摸眼等）、睡眠姿势不良、肠胃消化不良等。

上述原因不全都与上火有关，如果家长一发现小孩眼屎多，就不问病因，一概施以清热解毒之法，明显是不妥当的。小儿本是"虚寒"之体，脏腑娇嫩，不合理的清热解毒对其生长发育是不利的。正确的治疗方法应是对因施治。

误区四：
孩子常打嗝是吃得太饱了

常打嗝并不是吃得太饱的表现，而是饮食过程吸入了过多的空气、紧张或受凉等导致的，是胃肠气机不畅的缘故。

婴幼儿吸奶时精神不集中，吸吸停停，或含住奶头玩耍，往往就会吸入过多的空气导致打嗝；或是儿童饮食过程中活动过多、讲话过频，吸入了过多的空气或寒流；或突受惊吓精神过度紧张，也会出现打嗝。

因此，孩子打嗝并不是因为饮食过饱，饮食过饱的主要表现是腹胀易呕。

误区五：
刚出生的宝宝，吃奶不易饱，得进食淮山米粉

　　刚出生的宝宝，胃肠道功能发育尚未成熟，如消化酶分泌不足、胃肠动力低下、对食物的适应能力差等。4 个月以内的宝宝对米制品的消化能力明显不足。因此，若常给刚出生的婴儿喂服淮山米粉，会导致婴儿出现消化不良的情况，长久下去，还会损伤婴儿的胃肠道功能，令其受纳吸收不良，最终可能会造成营养不良症或其他病证。

　　所以，不建议家长给 4 个月之内的婴儿添加米粉类食品。正确的做法是可以给宝宝选择一些适合其年龄段的奶制品，如牛奶、全脂奶粉和羊奶。

误区六：
孩子夜间哭闹一定是肚子里长虫了

　　肚子长虫会使小儿夜间哭闹，夜寐不宁，但这不是小儿夜间哭啼的唯一病因。据临床观察，引起小儿夜间哭闹的病因有消化不良、临睡进食、肠道虫扰、白天玩耍过度、突受惊恐等，可见肠道虫扰只是病因之一。

　　以上诸因均可导致小儿夜间哭闹不宁，但表现各有不同，如肠道虫扰者，常伴有面上虫斑、巩膜虫点、夜间磨牙等，消化不良及临睡进食者则是因为有饮食不节、喂养不当史，白天兴奋过度者可能是日间的活动过度，受惊过度者可能是白天突受了惊吓，家长当细加分辨这些不同的表现以找准病因。

误区七：
怕孩子着凉，要多穿衣服

怕孩子着凉，总给孩子多穿衣服，确实是绝大多数家长的做法，尤其是老人家，更是如此。俗话说，多衣多寒，就是说过度穿衣的方法是不可取的。怕孩子着凉，过度的穿着，会使小儿的皮肤得不到应有的耐寒锻炼，不利于机体的发育，而且皮肤通透性变差也容易诱发皮肤病症，如汗斑、湿疹等。此外，如果给孩子穿得太多，经常被捂得出汗，皮肤毛孔长期处于开放的状态，这时稍微有风一吹，被外邪侵袭，反而更容易染上风寒。

我国历代医家都很重视小儿的耐寒锻炼问题，提出"忍三分寒吃七分饱""四时欲得小儿安，常须两分饥与寒"等很有指导意义的观点。更何况，老人家以自身身体的寒温感受来衡量小儿的身体寒温，这种做法也是不正确的，老人阳气渐衰，而小儿为"纯阳之体"，生长发育正处于兴旺向上的趋势，是老人所不能相比的。因此，在身体健康、无病痛的前提下，3岁以下的孩子，日常穿着比成年人多1件即可；3岁以上孩子的衣服数量与厚薄程度基本上可以和成人一致。

误区八：
夜晚睡不安稳是受惊过度，要用布袋压着心口入睡

有的家长认为孩子夜寐不宁、夜惊、夜啼是受惊过度，就用布袋压着孩子的心口入睡，这种做法是错误的，造成夜寐不宁、夜惊、夜啼的主要原因并不全是受惊过度。

据临床观察，孩子夜啼的主要病因有消化不良、临睡进食、肠道虫扰、白天玩耍过度、突受惊恐等，这里面虽有受惊过度的原因，但常见的病因还有消化不良、临睡进食、肠道虫扰及白天玩耍过度。

中医认为"胃不和而卧不安"，就是指饮食不化，食滞中阻，会令人寝寐不宁，更何况小儿"脾常不足"，易为饮食所伤；肠道寄生虫，尤其是蛲虫，夜间常爬出肛门排卵，故致小儿夜寐不宁、夜啼夜惊；白天过度兴奋，夜间神思恍惚，常也会啼闹不宁。因此，防治小儿夜寐不宁、夜惊、夜啼的正确方法，并不是用布袋压住心口入睡，而是要辨证施治，消化不良者治以消食导滞，肠虫所扰者要驱虫安神，受惊过度者以定惊安神治疗。

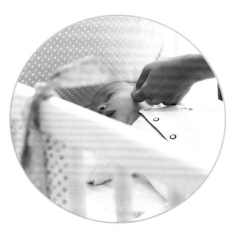

误区九：
孩子溢奶就是呕奶

每一位家长都希望自己的孩子吃得好吃得香，但是很多月龄较小的婴儿在吃奶的时候或者吃了奶没多久后就吐，经验不足的家长就会很担心，其实这个时候家长应该先区分孩子到底是生理性溢奶还是病理性呕奶，再采取相应的措施。

小孩子尤其是新生儿的消化道平滑肌功能较松弛，尚处于"直肠直肚"的状态，不像成年人有着如"鱼钩样"的胃。故孩子进食后，胃处于蠕动状态时，随着胃内空气的排出，会带出一些奶，这就是溢奶。溢奶是新生儿比较常见的一种正常生理现象。一般来说，溢奶时奶多数是从孩子口角自然流出，孩子很安静，无明显的异常表现。每天溢奶 1 次或多次一般不影响生长发育，也不需要专门治疗，而且随着孩子的成长，生理性溢奶会逐渐减少，在孩子出生 3 个月左右就比较少发生了，6~8 个月时会完全消失。

另外，引起溢奶的最常见原因是喂养不当，家长在宝宝极度饥饿时才喂奶，宝宝就会喝得很急，大口喝奶时，一不小心空气也就进去了。也有些家长喂奶时或喂奶后喜欢横抱孩子或者不停地摇晃孩子（与孩子玩耍），或者在孩子哭闹的时候喂奶，甚至让孩子吸空奶瓶或含着空奶瓶睡觉等，这些都会令大量空气吞入胃内，引起溢奶。为了减少溢奶，家长在喂奶时应保持宝宝情绪的平和、安静、慢速、放松，避免中断和干扰。喂完奶后尽

量不要推挤宝宝，不要玩得太剧烈，可让宝宝直坐在膝盖上、婴儿车里或婴儿座椅上大概
20 分钟，也可竖着抱并轻拍其背，使孩子把吞咽的空气排出。

而呕奶则大不相同，呕奶是孩子大口地吐出胃内容物，呕吐量比较大，常伴奶块，有
时候呕吐甚至呈喷射状，此时家长应提高警惕，这可能是先天性消化道畸形所致的病理性
呕吐。若孩子频繁呕奶，可能就不是普通的消化不良或是喂养方式不当所造成的了，家长
应该尽早咨询医生，而不是擅自找"消化药、消食片"给孩子吃，以免耽误病情。

误区十：
洗澡频率越高越好

　　对于洗澡的频率，很多家长都有各自不同的想法，有些家长每天都给孩子洗澡，有些家长则是隔一两天才给孩子洗 1 次，那么孩子到底需要多久洗 1 次澡呢？洗澡频率越高就越好吗？孩子的皮肤和大人不同，他们的皮肤更薄、更娇嫩，孩子的皮肤外面有一层油脂，这对保持皮肤滋润、防止感染、减少外部刺激和保暖都有重要作用。不少沐浴液是碱性的，它会破坏这层油脂，容易让皮肤变得干燥粗糙，用沐浴液反复擦身，严重者还可能形成敏感性皮肤。

　　每天洗澡的确能让孩子保持干净，但也可能造成皮肤干燥。尤其对干性皮肤的孩子来说，经常在水里泡，有可能让皮肤脱水，变得更干燥，甚至起皮，一旦孩子洗澡时间过长，更会让皮肤最外面的角质层吸水变软，降低皮肤的抵抗能力。所以，给小宝宝洗澡要注意保暖和安全，以清水洗浴为佳，每次洗浴不要超过 10 分钟。尤其是在给新生儿洗澡时，时间不宜过长，否则使宝宝容易疲劳，影响正常的生长发育。

　　因此，如果孩子不太脏，出汗也不多，不用天天洗，根据具体情况隔一两天也行，沐浴液 1 周用 1 次即可。还要根据季节特点、气温的变化灵活调整，如果天热时需要每天洗澡，只需用清水冲一冲就足够了，而且尽量在中午阳光明媚的时候冲洗，最好不要在夜间冲洗；有时仅需要冲洗宝宝的臀部及外阴部即可。

误区十一：
宝宝的辅食食材越多样化越好

　　不少宝宝在出生 6 个月后，就开始了辅食之旅，此时家长要清楚，有些食物是不适宜作为宝宝的辅食食材的，对于婴儿期的孩子更是如此，否则会危害其身体健康。

　　易引起气管阻塞的食物，如花生米、黄豆、核桃仁、瓜子等不易吞食或呈小颗粒状的食品应尽量避免让年龄很小的孩子食用，若要食用可研磨成粉末烹调。

　　易引起消化不良的食物，如竹笋、牛蒡等具有较粗纤维素的食材。

　　刺激性太强的食品，如酒、咖啡、浓茶、可乐等会影响宝宝神经系统的正常发育。

　　蜂蜜中含有肉毒杆菌芽孢，1 周岁以下的婴儿抗病能力差，食用蜂蜜可能会引起肉毒杆菌性食物中毒，因此建议等宝宝长到 1 岁以后再添加。

　　螃蟹、虾等带壳类海鲜不宜给婴儿食用，因为有的孩子可能会对海鲜过敏。

　　鸡蛋清中的蛋白分子较小，存在透过肠壁进入血液的风险，使宝宝的机体产生过敏反应，引发湿疹、荨麻疹等疾病，建议等宝宝满 1 周岁再喂食。

误区十二：
孩子吃得越多长得越快

孩子的"吃"，是家长最关心的问题。但在现实喂养中，填鸭式喂养方法或指导思想普遍存在，家长总怕自己的孩子吃得不够饱、营养不足，所以竭尽所能喂食、劝食、哄食，甚至强迫饮食，这样的做法违背了小儿"脾常不足"的生理特点。小儿出生后，其脏腑功能处于不成熟阶段，尤其是脾胃功能，这个时期，要特别讲究科学的喂养方法，不是吃得越多，小儿就会长得越好，营养就会越充足，要知道孩子的消化功能要到儿童期才接近于成年人，填鸭式的喂养方法只会损伤小儿的脾胃，令小儿吸收不良，营养水平低下，是不可取的。婴幼儿阶段没有打下良好的消化基础，势必影响到孩子学龄以后的生长发育过程，这就像万丈高楼没有一个坚实的地基一样，其后果不堪设想。

其实现在的孩子很少有营养不够的情况，单单是奶制品的配方就比之前全面、营养得多。现在的孩子更多的问题是营养过剩，无法吸收，从而导致营养不良。所以才会出现家长说的给孩子多吃多补却依旧瘦瘦小小的情况。如果小孩子偶尔不想吃饭，家长无须不厌其烦地哄孩子吃饭，更不要强迫他吃，一两顿稍微少吃一点是没有问题的。如果小孩子很能吃，家长就要稍微控制一下，不能过饱，过饱只会加重其肠胃负担。

误区十三：
给孩子吃人参、鹿茸等补品以增强体质

　　人参、鹿茸等虽然有补益、增强体质的功效，但并不是什么人、什么时候服用都可以达到增强体质的目的，如果进补不当，反而会产生不良的后果。

　　人参性微温，味甘、微苦，具有益气固脱、安神益智、扶正益气、活血强身、促进内分泌系统功能等功效；但也会诱发神经系统兴奋，如心跳加快、易激动、失眠等不良反应，还会引发皮疹、食欲减退、引起性早熟或雌激素样等反应。

　　而鹿茸性温，味甘、咸，虽具有温肾壮阳、益精补气、强筋健骨、延年益寿等功效，但也有性激素样作用，可促进人体性腺机能，有引发性早熟之弊。

　　因此，对于处在生长发育期的儿童来说，盲目地将人参、鹿茸作为他们增强体质的补品，显然是不可取的，长时间服用，定会出现性早熟的不良反应，影响儿童正常的生长发育。

误区十四：
孩子脾气大要多喝凉茶下火

孩子脾气大，是小儿生长发育过程中的正常表现，是儿童长智、发泄、心灵表达的常用形式，绝大多数不属病态，我国古代医家认为小儿为"纯阳之体"，就指出了小儿具有发育迅速、精力旺盛、欣欣向荣的生理特点。当然，临床也有小儿因为身体不适而发脾气的例子，但并不都是肝火盛、心火盛的缘故。

据临床观察，小儿发脾气，很多是因为得不到满足、想要引起大人关心注意、消化不良等，而肝经蕴热、心火上炎也导致小儿发脾气，但为数不多，须仔细辨证，切不可一见孩子发脾气，就以清肝火、清心火的凉茶应对，否则，易损伤小儿嫩弱的肠胃，令机体更加虚弱。

误区十五：
厌食是胃火不足

厌食是小儿常见的脾胃病证，以长期食欲不振、厌恶进食为特点。多见于 1~6 岁小儿。厌食会引起营养摄入不足，也会在一定程度上影响小儿的生长发育。

厌食的主要病因有饮食喂养不当、多病久病及先天禀赋不足等，其病理机制是脾胃消化功能失健。中医临床证候分型共分为脾胃不和、脾胃气虚及脾胃阴虚三型，所谓的"胃火不足"大致相当于"脾胃气虚"型，可见胃火不足只是小儿厌食证的一个分型，而不是全部。所以，对厌食的治疗并不是单纯地补胃火，而应该调理脾胃，根据不同证候分型选择不同的法则方药。如脾胃不和证治以运脾和胃，可用调脾散；胃火不足证治以健脾益气养胃，可用参苓白术散；脾胃阴虚证治以滋阴养胃，可用养胃增液汤。具体的药材用量应向医生咨询。

误区十六：
用牛奶（母乳）洗脸能让宝宝的皮肤更好

　　牛奶与母乳含有非常丰富的营养，是婴儿的最佳食品，但是有些妈妈奶水充足，或者是听信长辈的所谓"秘方"，在喂孩子的同时把乳汁涂在孩子的脸上，觉得可以让孩子的皮肤更加白嫩，岂不知这样做的结果只会适得其反。

　　奶水尤其是母乳营养丰富，含有大量蛋白质、脂肪和糖，除了孩子喜欢，细菌也非常喜欢，加上孩子面部皮肤娇嫩，血管丰富，皮肤角质层薄，通透性强，若涂上乳汁非常容易使细菌"落户繁殖"，如果面部毛孔阻塞会引起孩子湿疹、毛囊炎，甚至引起毛囊周围皮肤化脓感染。

　　另外，使用乳汁洗脸后，皮肤上会形成一层紧绷的膜，使面部肌肉活动受限，是极不舒服的，宝宝也会闹腾起来。所以给孩子洗脸，最好还是选用温水。

误区十七：
口对口喂食对孩子有好处

　　不少家长尤其是爷爷奶奶觉得孩子还小，一般的固体食物消化不了，所以喜欢先把食物放进自己嘴里嚼碎了再喂给孩子，这种做法是不对的。

　　首先，食物经过成年人的口再喂给孩子，很容易将成年人口中的细菌、病毒等病原体传染给孩子，有的家长觉得自己身体好，没有任何疾病，其实这也是片面的认识，成年人的抵抗力要比孩子强很多，成年人没事不代表孩子也一样没事。近年来，已经发生多起带有幽门螺杆菌的成年人通过给孩子口对口喂食让孩子也感染上了幽门螺杆菌的案例。

　　其次，很多时候孩子对"食物"是没有概念的，所以才会抓着什么都往嘴里放，只有让孩子本能地尝试了才能培养孩子吃饭的积极性，知道哪些食物能吃哪些不能吃。如果长期口对口喂食会让孩子缺乏进食的热情，导致孩子偏食、挑食。

　　最后，口对口喂食抑制了孩子咀嚼能力的提高，尤其 4～6 个月是训练孩子咀嚼能力的关键时期，如果自主咀嚼，其咀嚼能力能够得到充分锻炼，对口腔健康会有非常大的帮助。

误区十八：
给宝宝含奶嘴停止哭闹

　　孩子尤其是比较小的孩子非常需要家长的慰藉，当妈妈不能陪着孩子时，安抚奶嘴就成了妈妈的替代品，给孩子提供一种最接近妈妈的感觉，当孩子需要慰藉时，不必靠妈妈也能达到目的。

　　就心理学角度而言，安抚奶嘴确实可有效地安抚孩子的情绪，避免因情感需求不能得到满足，或因缺乏安全感而导致悲观、退缩、仇视、易惊等性格的形成。但是从生理学角度来看，孩子与生俱来的一种非条件反射，便是吮吸反射，但它随着时间的推移会逐渐消失，如果家长一直给孩子含着奶嘴，无疑在强化他们的这一反射，久而久之便容易形成依赖，只要一哭，就非要吸奶嘴不可。

　　同时，口腔科医生认为长期使用安抚奶嘴，会影响孩子上下颌骨的发育，也会使孩子形成高腭弓，导致上下牙齿咬合不正，形成不美观的嘴唇外观。长时间空含奶嘴，还会因吸进过多的空气而引致腹胀或呕吐。

　　最后，长期把一个奶嘴放在孩子嘴里含着也容易使病原体入侵，使孩子更容易生病。所以家长应该尽量少让孩子含着奶嘴，应该多花些时间在孩子身上，促进与孩子之间的感情。

误区十九：
频繁地给小宝宝更换奶粉

无论是因育儿经验缺乏而跟风草率更换奶粉，还是因奶粉本身出现了质量问题而被迫更换，给仅几个月大的小宝宝频繁地更换奶粉，都会造成其脾胃的损伤。

为了宝宝的健康成长，如果奶粉的质量没有问题，就不要频繁给宝宝换奶粉。如果是小宝宝食用后拉的粪便不太正常，比如拉奶瓣状的粪便，那可能是宝宝的脾胃功能较弱，此时不妨先调整奶粉的浓度或喂奶次数。即保证每次水量不变的前提下，奶粉量稍微少一点，这样冲出来的奶粉就会稀一点，宝宝比较容易吸收，喂食的次数也可以适当减少。

PART 05

小儿意外伤害与急救

吞入异物

呼吸道异物是孩子意外伤害中的头号杀手，如果家长能掌握快速有效的处理方法，会让伤害降到最低。其核心急救法为海姆立克急救法，每一位家长都应重点学习。

婴儿适用海姆立克急救法

1. 拍背法：

（1）让宝宝趴在你一只手的前臂上，脸部朝下，注意用拇指和食指固定宝宝的下颌。再用另一只手的掌根部垂直拍打宝宝双侧肩胛骨之间的位置，拍打5次（稍微用力）（如图1）。

（2）转过宝宝的脸朝上，用一只手托住他，检查他的口腔，用手指抠出可见的阻塞物。如果没有看见阻塞物，不要盲目地将手指伸进宝宝喉内（如图2）。

2. 压胸法：

（1）如果拍背法没有见效，可以进行压胸法。让宝宝平躺在你的双腿上，用一只手将宝宝扶稳，另一只手的食指和中指快速冲击宝宝双乳头连线中点下方的位置，重复5次，频率为3秒1次（如图3）。这可以形成人为咳嗽，帮助宝宝咳出异物。

（2）重复5次后检查宝宝的口腔是否有异物排出，如果异物仍然无法清除，再进行拍背法，两者交替进行3次，如果异物还是没有清除应火速去医院就诊。如果在过程中宝宝没有反应、失去意识，家长就要对其实施心肺复苏术。

幼儿适用海姆立克急救法

腹部冲击法

（1）家长站在孩子的身后，将孩子环腰抱住，一只手握拳放在孩子胸骨和肚脐之间的位置，另一只手握成拳头，然后拳头用力垂直向里冲击腹部，重复5次，频率为3秒1次（如图4）。

（2）重复几次后检查宝宝的口腔是否有异物排出，如果异物仍然无法清除，应火速去医院就诊。

特别提醒：

◎ 3岁以下的孩子，尽量不吃瓜子、花生、果冻等容易引发气道堵塞的食物。家长也要细心地将硬币、纽扣等有可能被孩子误塞进嘴里的小物件通通藏起来。如果物品堵住部分气道，孩子会出现咳嗽、气喘症状，而一旦把气道全堵住了，就会出现呼吸困难，严重时甚至会危及生命。

◎培养孩子养成良好的饮食习惯，专心吃饭不乱跑跳，否则食物也容易"跑错道"。

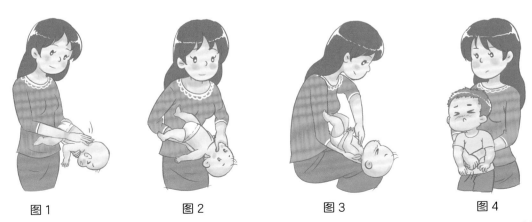

图1 　　　　　　图2 　　　　　　图3 　　　　　　图4

【育儿小课堂】心肺复苏术

全球各地每年都有许多儿童死于窒息，年龄大多数在 5 岁以下，前节提到的食物或小物件卡在儿童咽喉导致气道堵塞，造成氧气无法进入肺部，便会引起大脑窒息，如果借助拍背法或压胸法也无法让儿童排出异物，儿童出现以下症状时就要开始实施心肺复苏术：完全无法呼吸（胸膛没有起伏）、无法说话或咳嗽、脸色发紫、失去意识或没有反应。

如果儿童发生窒息时只有一人在场，请大声呼救，并同时开始进行急救、拨打急救电话（有人赶到现场时可请他帮忙拨打电话）。

1. 婴儿心肺复苏术

适用范围：1 岁以内的婴儿。

操作准备：将婴儿平放在一个稳固、平坦的平台上。

急救方法：

第一步：按压胸部

把一只手的两根手指放在婴儿两乳头连线与胸骨正中线交界点下一横指处开始按压胸部，按压深度至少要达到胸腔厚度的 1/3，或 4cm。每次按压后都要让胸廓复原，按压的速度要达到至少 100 次 / 分钟，按压 30 次（如图 5）。

第二步：打开呼吸道

采用仰头抬颏法，家长位于婴儿一侧，一只手置婴儿前额向后加压，使其头部后仰，另一只手的食指和中指置于靠近颏部的下颌骨下方，将颏部向前抬起，帮助头部后仰，气道开放。查看口内有无阻塞物，如果看见异物，用手指把它取出来（如图 6）。

第三步：进行人工呼吸

正常吸一口气，再用你的嘴覆住婴儿的口鼻，进行人工呼吸 2 次，每次 1 秒。注意

136

缓慢地将空气吹进婴儿的肺内，每次都要让婴儿的胸廓起伏。如果婴儿的胸廓没有向上鼓起，再检查 1 次口腔，但不要将手指伸入喉内，除非确切地看见了阻塞物（如图 7 ）。

第四步：再次按压胸部

每按压胸部 30 次进行 2 次人工呼吸，循环进行这个过程（如图 8 ）。循环 5 次之后（大概 2 分钟），如果身边还没有人能帮忙拨打急救电话，就要自己拨打急救电话。

特别提醒：

不论任何时候，只要异物出来了或者是婴儿开始呼吸，家长可停止人工呼吸并迅速拨打急救电话，急速到医院进行下一步的诊疗与详细的身体检查。

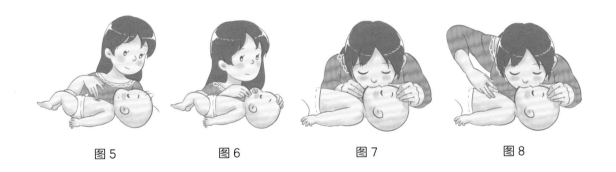

图 5　　　　　图 6　　　　　图 7　　　　　图 8

2. 幼儿心肺复苏术

适用范围：1~8 岁儿童。

操作准备：将儿童平放在一个稳固、平坦的平台上。

急救方法：

第一步：按压胸部

把一只或两只手掌放在小儿胸骨下部按压胸部，深度至少要到胸腔厚度的 1/3，或大约 5cm。每次按压后，都要让胸廓复原。按压的速度至少要达到 100 次 / 分钟，按压 30 次（一只手按压法如图 9，两只手按压法如图 10）。

第二步：打开气管

打开呼吸道（仰头抬颏法），如果看见异物，用手指把它取出。如果看不见，千万不要盲目地将手指伸到气管中去（如图 11）。

第三步：进行人工呼吸

正常吸一口气，捏住儿童的鼻子，用嘴覆住儿童的嘴巴。进行 2 次人工呼吸，每次 1 秒。注意每次都要让孩子的胸廓起伏（如图 12）。

第四步：再次按压胸部

按压胸部 30 次后进行 2 次人工呼吸为一个循环，循环进行这个过程，直至异物排出。循环 5 次之后（大概 2 分钟），如果身边还没有人能帮忙拨打急救电话，就要自己拨打急救电话。

特别提醒：

无论任何时候，只要异物出来了或者是幼儿开始呼吸，家长可停止人工呼吸并迅速拨打急救电话，急速到医院进行下一步的诊疗与详细的身体检查。

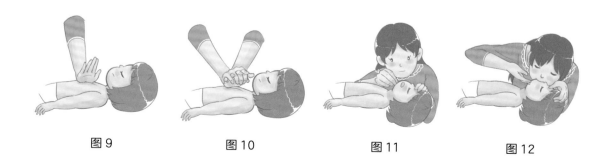

图 9　　　　　　图 10　　　　　　图 11　　　　　　图 12

鱼刺卡喉

鱼肉含有丰富的营养，家长都会想给孩子适当补充，可是不论烹调鱼肉还是熬制鱼汤，即使已经非常小心谨慎了偶尔还是会有鱼刺残留。如果不慎将鱼刺卡在喉咙里，可能会造成很多严重的后果。

急救方法

（1）刺痛感会使孩子哭闹，家长要先安抚孩子的情绪。

（2）鱼刺常会卡在舌根部、扁桃体、咽后壁等地方，等孩子情绪稳定后将孩子抱到光线亮的地方让他张开嘴巴，也可以拿手电筒照到宝宝的喉咙部位，家长仔细观察后，如果看到了鱼刺，可以用酒精棉擦拭过的镊子将鱼刺夹出，注意手要稳。

（3）如果家长看到了鱼刺但不敢自己动手，或者是根本看不见鱼刺，应该尽快带孩子去医院检查处理。

特别提醒：

◎家长切忌听信偏方，采取让孩子吞咽饭团或喝醋的方式处理，这样往往会加重伤害。本想让饭团将鱼刺带走，却造成鱼刺卡进食管；醋不仅在软化鱼刺方面收效颇少，而且还会刺激并灼伤食管黏膜。还有大口喝水、用手抠等方法也只会让取刺难度增加。

◎家长在烹饪鱼肉时要细心把鱼刺剔除，喝鱼汤前用过滤网将鱼刺过滤干净，选购在超市已经处理好的三文鱼肉等鱼刺较少的鱼是很好的预防孩子鱼刺卡喉的方法。

◎对于年龄大一点的孩子，家长要充分利用他们的学习能力，吃鱼前提醒他们要细嚼慢咽，他们就会重视起来，用心做好。另外，吃鱼时不要跟他们说话，让他们专心、安静地吃也能有效避免鱼刺卡喉。

◎孩子被鱼刺卡住的时候，也可能会出现呕吐，此时最好把孩子的脑袋偏向一侧，等他吐完再将嘴巴擦干净。

◎如果根本看不到鱼刺在孩子喉咙的哪个部位，但是孩子吃饭时出现喉咙疼痛、吞咽困难，或者看到了鱼刺但是夹不出，这个时候就要马上带他去医院检查清楚，必要时让医生帮忙取出鱼刺。

昆虫叮咬

昆虫叮咬是由昆虫（常见的有蚊子、臭虫、蜜蜂、跳蚤等）叮咬引起的皮肤炎症，会造成叮咬局部的肿胀、痒及疼痛。生活中孩子被昆虫叮咬大多不会出现严重症状，一般会在 2~3 天内好转，只有很少一部分会发生严重的过敏性反应，比如过敏性休克。

● 急救方法

（1）判断昆虫种类和检查叮咬局部的情况，如果是蚊子、苍蝇等普通昆虫，叮咬局部大多只会肿胀及疼痛，此时可以用毛巾蘸冷水对叮咬部位进行冷敷，也可以把蘸水的毛巾放入冰箱冻一会儿，再冷敷或按压叮咬处，或用炉甘石洗剂涂抹叮咬处。

（2）如果宝宝是被马蜂叮了，能看到叮入宝宝体内的"刺"。家长可以轻轻地用指甲、针或其他工具把"刺"从宝宝皮肤中挑出来，以免在宝宝体内继续积累毒素。操作时注意尽可能夹住刺的根部，小心翼翼地拔出。千万不要挤压叮咬处，以免更多的毒素进入宝宝体内。再冷敷叮伤部位，以减轻疼痛和肿胀。

（3）冷敷时间大约是 10 分钟，疼痛缓解后拿掉冷敷物，放松叮咬部位。

（4）叮咬后 48 小时内家长要密切留意孩子的身体状况，如果叮咬处还未好转，或局部出现感染的症状，如红肿严重、疼痛剧烈、化脓，或出现发热的症状，或小儿的呼吸逐渐变得困难（严重的过敏反应）时，应立即带宝宝看医生或拨打急救电话。

特别提醒：

带宝宝到靠近草丛处玩耍时，家长应尽量给他们穿上长衫和长裤，以减少皮肤暴露的面积。

烫伤

引起小儿烫伤的主要有火焰、沸水、热油等物质。轻者烫伤部位只是红肿而且几天后便痊愈，重者则会危及生命。

急救方法

① 第一时间将孩子抱离烫伤地点，远离热源。

② 用冷水持续不断地冲洗伤处半个小时以上，及时散热可避免加深烫伤程度。冷水还能清洁创面，减轻疼痛，但注意水温不能低于 4℃，以免冻伤。

③ 冲洗过后，小创面可用无菌纱布或干净手帕盖住；大创面可用干净床单包裹，这样可避免在去医院的途中加重受伤程度。

④ 尽快前往医院接受治疗。

特别提醒：

◎孩子的哭声大小与烫伤的严重程度无关，当孩子烫伤时家长首先要做的是一定不要呵斥小孩或者是难过自责，冷静判断、迅速处理才能将孩子的痛苦降到最低。

◎涂酱油、涂牙膏等偏方千万不能用。

◎如果只是轻微触碰了热源，孩子皮肤发红，但没有起水疱，家长可在孩子的烫伤处涂抹烫伤膏，几天后便能痊愈。

◎如果是被油烫伤，尽量将皮肤表层形成的油状薄膜冲洗掉，以加快散热。

【育儿小课堂】烧（烫）伤的深浅分度与轻重分级说明

1. 烧（烫）伤深浅分度说明

（1）I度烧（烫）伤

主要表现：疼痛 + 红斑。

具体说明：I度烧（烫）伤为表皮角质层、透明层、颗粒层的损伤。局部轻度红肿、无水疱、疼痛明显，有烧灼感，特点为红斑性烧（烫）伤，皮肤变红，一般3~5天伤势好转，表皮皱缩脱落后便会愈合。可有短时间色素沉积，一般不会留瘢痕。

（2）II度烧（烫）伤

II度烧（烫）伤表现为表皮及真皮损伤，但未涉及真皮附属器官，按程度可划分为浅II度烧（烫）伤与深II度烧（烫）伤。

① 浅II度烧（烫）伤

主要表现：水疱 + 疼痛。

具体说明：浅II度烧（烫）伤指伤及真皮浅层，部分生发层健在。红肿热痛，可有水疱，恢复后不留瘢痕，若无感染等并发症，大约2周便能痊愈。愈后短期内可有色素沉积，一般不会留瘢痕，皮肤功能恢复良好。

② 深II度烧（烫）伤

主要表现：可能白色无痛 / 感染时发展为全层烧（烫）伤。

具体说明：深II度烧（烫）伤主要伤及真皮乳头层以下，但仍残留部分网状层。白色和无痛者，需要植皮。伤处结痂、有脓液渗出者，由于残存真皮内毛囊、汗腺等皮肤附件，仍可再生上皮，如无感染，大约 4 周便能痊愈。一般留有瘢痕，并且会有部分瘢痕收缩引起的局部功能障碍。

（3）Ⅲ度烧（烫）伤

主要表现：全层损坏，包括真皮附属器官。

具体说明：Ⅲ度烧（烫）伤指全层皮肤烧（烫）伤，伤及皮下，脂肪、肌肉、骨骼，甚至内脏器官都有损伤，皮肤坏死、脱水后形成焦痂，并呈灰或红褐色，创面甚至会炭化，呈皮革样改变且无痛，需要植皮。烧（烫）伤严重且面积大者有致残的可能和生命危险，必须立即送医院抢救。愈合后多形成瘢痕，正常皮肤功能丧失，且常造成畸形。

2. 烧（烫）伤轻重分级说明

轻度：面积在 10% 以下的Ⅱ度烧（烫）伤，无Ⅲ度烧（烫）伤。

中度：总面积在 10%~20% 之间的Ⅱ度烧（烫）伤，或Ⅲ度烧（烫）伤面积不足 5%，或Ⅱ度烧（烫）伤在头面部、手、足、会阴部。

重度：烧（烫）伤面积在21%~49%，或Ⅲ度烧（烫）伤面积在5%~15%之间，或烧（烫）伤面积不足30%，但存在以下情况之一的患者：第一，全身情况较重或已出现休克；第二，较重的复合伤；第三，中、重度吸入性损伤。

特重度：总面积在 50% 以上或Ⅲ度烧（烫）伤面积在 15% 以上者。

特别提醒：

儿童发育尚未成熟，抵抗力较差。尤其 2 岁以下婴儿免疫力低下，因此烧（烫）伤后更为危险。原则上，轻度烧（烫）伤要做好创面处理、止痛镇静、防治感染等工作；重度烧（烫）伤则要注意防治休克，需及时住院接受治疗。此外，几个特殊部位的日常护理是比较麻烦且重要的，需要特别关注。一是面部，面部器官比较多，眼睛、鼻子、嘴巴、耳朵；二是手部，手部要关注的是避免缺血坏死，要尽量保持手的外形和功能；三是会阴部，当孩子年龄太小还不能控制大小便时，家长在其便便后要及时清理，以免污染创面。

溺水

浴缸、池塘、河流等都是儿童溺水的高发地，如果婴儿朝前摔倒，被困在水深刚好能淹没脸部的地方，也会引起溺水，当儿童把水吸进肺部就会引起窒息。由溺水造成的儿童死亡个案不在少数，家长应高度重视，尤其是在带孩子外出游玩的时候。

急救方法

（1）孩子溺水时，家长应尽快将其从水中救出。抱出时，注意头部低于胸部，以减少呛水的危险。

（2）查看孩子是否还有自主呼吸，从而判断病情。如果有呼吸，脱掉孩子身上所有的湿衣服，将他放成恢复体位，并给他盖上干的毛巾或毯子。

（3）如果已经停止呼吸，应根据孩子的年龄施行相应的心肺复苏术。如果身边还有别人，让他人帮忙拨打急救电话，如果只有一人在场，要先给孩子施行心肺复苏术，直到孩子恢复自主呼吸才可以停止急救并寻求他人帮助。

特别提醒:

◎幼儿会在水中极力挣扎,尤其是水势汹涌或水很冷时,应迅速将其救出。

◎尽量在岸边用手或棍子捞出幼儿,当他被救上岸后,尽快擦干他的身体,使他暖和起来。

◎当水被吸进肺内时,低温会减弱人工呼吸的效果,所以,施救时必须坚持不停地、缓慢地做人工呼吸,使胸部得到扩张。

【育儿小课堂】恢复体位

恢复体位又称复苏体位,将昏迷(呼吸循环较稳定,但神志尚未恢复)的儿童平放在地上是非常危险的,这种体位很容易出现呼吸道阻塞而导致死亡。这时应该将儿童调整为有利于恢复呼吸的姿势,即"恢复体位"。恢复体位可以防止意识丧失者的舌头后坠阻塞气道,并利于口腔内液体引流,尽可能地减少呕吐物的吸入。

具体操作:

(1)将孩子仰面平置于地面,再面向孩子,双膝跪在其身体的一侧,身体中线应对准孩子髂棘连线(大胯骨),膝盖距其身体一拳头远。

(2)将孩子近侧上肢向上摆成直角;远侧上肢自然屈曲,手掌紧紧环绕脖子(或手背托住对侧的腮部)。(如图 13)

(3)将孩子远侧下肢屈曲支起。(如图 14)

(4)家长一手握孩子远侧上肢,一手握孩子远侧下肢的膝盖,将孩子向自己方向翻动,呈侧卧姿势。(如图 15)

(5)翻动后将孩子远侧下肢膝盖置地,屈曲成 90° 以利于姿势稳定。(如图 16)

(6)将其远侧手掌手心向下置于颌下,面口稍向地面,头稍后仰。这样如果孩子出现呕吐,液体会顺势流出,防止呛到。(如图 17)

(7)仔细照看,保证孩子姿势稳定,每隔 5~10 分钟重复检查,确认呼吸正常,也要观察孩子的脸色。如果呼吸不正常，皮肤会变蓝，此时再将孩子翻回平躺姿势，打开气道，重新开始心肺复苏术。

特别提醒：

◎将近侧上肢抬高可以避免翻转后被压在下面。

◎在翻转的过程中，孩子的脖子可能会受伤，因此要非常小心，上述将其远侧上肢屈曲紧绕脖子的做法便可达到良好的防护作用，在翻转时能将其脖子固定。

◎复苏体位一般在心肺复苏术之后，但如果孩子在摆成正确的复苏体位后出现呼吸不正常的情况，应重新返回平躺姿势并开始进行心肺复苏术急救。

图13　　　　　图14　　　　　图15

图16　　　　　图17

触电

当人体直接接触电源时，电流穿过身体就会引起触电。婴幼儿并不懂得触电的危险性。玩弄电线、电源插孔或用湿手接触电器时都存在被电流击伤的风险。根据电压大小和触电时间的长短，触电可造成身体不适感或受重伤，严重时甚至死亡。

急救方法

（1）在触碰触电幼儿前，先关掉开关或总闸，切断电源，不要徒手触碰触电的幼儿或裸露的电线，尤其是在总闸不在附近或无法关闭时。

（2）站在干燥的木板或塑料等绝缘物上，再用坚固、干燥的不会导电的物体（如棍子）把孩子与电线分开。

（3）解除触电危险后，立即检查孩子的意识状况，查看其呼吸、心跳、脉搏、肤色。如果孩子已经停止呼吸及心搏，需马上施行心肺复苏术。还要及时拨打急救电话，尽快到医院检查伤势，包括烧伤程度。如果孩子看上去没有受伤，就先让他休息，并密切观察情况，必要时立即送医院就诊。

特别提醒：

◎无法关闭电源时要用不会导电的物体（如橡胶）来移动孩子，防止电流通过孩子流到他人身上，再次引起触电。

◎当宝宝出现咬电线或将尖锐的金属物品（刀叉等）插入插座或家用电器时，家长一定要及时制止并用心教育，防止不良后果的发生。

家庭实用小药箱

实用药物

（1）退热药

对于 6 个月以上的宝宝，发烧是常见的症状，如无过敏或其他禁忌，通常体温超过38.5℃就可以服用具有解热镇痛作用的退热药。西药退热药能通过调节体温中枢、抑制前列腺素的合成和释放来发挥解热、镇痛和抗炎的作用。居家可常备的退热药有布洛芬、对乙酰氨基酚，辅助退热药紫雪散。

特别提醒：

◎服用退热药后一定要少量多次地让孩子饮用温水，以促进排汗、退热。

◎退热药只能快速而短暂地缓解发热症状，如果是特殊原因（如感染等）导致的发热则需尽早就医。

（2）感冒药

上呼吸道感染简称上感，俗称感冒，是指病变部位由鼻腔到喉部的一组疾病，临床诊断的急性咽炎、急性鼻炎、急性扁桃体炎都属于上感。常见症状为喷嚏、鼻塞、流涕、咳嗽等，一年四季都会发病，冬春季节交替时较多。感冒药的成分中往往具有收缩上呼吸道毛细血管、抑制前列腺素合成、扩张等多重作用。居家可常备的药物包括伪麻美酚、小儿氨酚黄那敏等。

特别提醒：

◎感冒药虽然具有一定的退热效果，但是不能完全替代退热药。

◎不要随意给孩子服用抗生素，因为上呼吸道感染大多是病毒引起的，盲目使用抗生素不仅无效还可能诱发细菌的耐药性。

◎服药期间，家长要让小儿多喝温开水，注意饮食清淡，多休息并且注意保证居室环境的干净卫生与空气流通，有利于病情康复。

◎如果服用感冒药后症状得不到缓解，应当及时到医院就诊。

（3）止咳化痰药

中医认为，对咳嗽的诊疗需辨证施治，常分为外感和内伤两大类、若干种。而西医止咳药也有中枢镇咳药、末梢性镇咳药等类别。至于祛痰药则主要分为三类：恶心性祛痰药能刺激胃黏膜，引起轻微恶心、促进呼吸道分泌增加，使痰液稀释咳出；黏液溶解剂能分解痰液、降低痰的黏滞性；黏液调节剂可使痰液变得稀薄。与退热、腹泻等相比，止咳化痰的诊治和配药都相对复杂些，需要考虑多方面的因素，所以当孩子出现咳嗽、有痰等病症时建议及早就医，以得到规范、科学的治疗。

居家可常备的止咳药物有氢溴酸右美沙芬（市售有糖浆剂和片剂）、蛇胆川贝枇杷膏，化痰药物可以选择盐酸氨溴索片、乙酰半胱氨酸颗粒等。

（4）腹泻药

小儿腹泻是以大便次数增多，粪质稀薄或如水样为特征的一种小儿常见病。本病在夏秋季尤为多见。腹泻药大多是通过减少胃肠道的蠕动、保护胃肠道免受刺激、调节肠道菌群而达到止泻效果。

居家可常备的药物包括蒙脱石散、肠道微生态调节剂和口服补液盐。其中口服补液盐是世界卫生组织推荐的防止急性腹泻脱水的特殊饮品。轻重度的脱水可使用口服补液盐，这是简单有效的小儿腹泻的液体疗法。用法：将一小包口服补液盐（第三代）溶解于250mL 温开水中，根据孩子的病情轻重分多次、少量口服，每次 10~15mL。

特别提醒：

◎口服补液盐用量过多时孩子会出现眼睑或面部浮肿的情况，所以家长要根据药物的使用说明以及孩子的实际情况把握好药量。

◎家长要密切观察孩子的病情，及早发现，及早治疗，避免泄泻变证。

（5）助消化药

消化不良可造成食欲下降、反酸嗳气、腹胀恶心、呕吐腹泻，其多由胃动力障碍引起。居家可常备的助消化药有保济口服液、保济丸、保和口服液、保和丸、藿香正气口服液、大山楂丸等。这类药物虽有助消化，但不宜长期服用，要想从根本上调理孩子机体的消化功能，还是需要提升脾胃本身的运作水平，因此日常饮食调理才是关键，药物只能起到辅助作用。

与保济丸、保和丸相比，保济口服液、保和口服液具有容易吞咽的特点，更适合作为促进孩子消化的药物。保济口服液是广东地区的王牌药物，糅合了三星汤、小儿七星茶、小柴胡这三款药物的优势，药效温和，适用于病症初期。保和口服液的处方与三星汤相似，其助消化的功效比保济口服液要明显一些，尤其适合有积食症状的孩子。

当孩子有明显的伤风受凉症状，即口淡、恶心、呕吐、怕冷、鼻塞、流清鼻涕、有泡沫痰等，可服用藿香正气口服液。与保济丸、保和丸、三星汤相比，藿香正气口服液消食导滞、祛风散寒药效较强，适用于寒湿困阻中焦的症状，见效快。

大山楂丸的主要成分有山楂、炒神曲、炒麦芽等，适用于由于食用过多肥腻导致的积食。但大山楂丸不如三星汤温和，建议在孩子出现明显的积食现象时才服用，因为其消泄力比普通的助消化药物要稍微强一点，味道也比较酸。

特别提醒：

◎市面上售卖的保济丸、保和丸、保济口服液、保和口服液等均有小儿与成人的剂型，购买和使用时都要细心区分。

◎建议服用太极牌藿香正气口服液，其酒精成分含量较低，可避免服用后发生与酒精相关的不适症状，服用安全且口感好，见效快。藿香正气口服液是明显偏温性的，如果孩子已经有明显热相，如感冒、喉咙充血、发烧等症状时不太适宜服用。

◎长期的消化不良会影响孩子的生长发育，如果反复发作或经久不愈，应及早带孩子到医院消化科就诊。

医疗护理用品

（1）外用消毒药

酒精的主要作用是消毒防腐，浓度75%的医用酒精能够杀灭伤口周围的细菌及大多数微生物，所以主要用于皮肤和器械的消毒。聚维酮碘为广谱杀菌剂，杀菌作用强、毒性低、无刺激性，能杀死病毒、细菌、芽孢、真菌、原虫，非常适合用于皮肤消毒和感染治疗。

使用注意：

居家外用药必须妥善保管，不能让宝宝有任何单独接触、误服、误用的机会。此外，酒精易燃，存储时要注意安全。

（2）体温计

要想随时准确地知道宝宝的体温，不能只靠用手摸额头，应当使用体温计。由于使用方法的不同，体温计一般分为口表、肛表和腋表，其中腋表使用方便安全，适合一般家庭使用。现在市面上销售的电子体温计是普通体温计的升级产品，操作简单快捷，但家长购买时要选择可信赖的品牌，以免测得体温的误差值太大，延误病情的治疗。

（3）镊子

镊子常用于取出异物，如遇到鱼刺卡喉等突发状况时可用。镊子还可以代替双手夹取消毒棉球和纱布，或者除去伤口上的污物等。最好选购外科专用的止血钳，因为其钳头活动度较大，并有固定和钳夹止血功能。

（4）消毒棉签、棉球

有外伤时可以用消毒棉签、棉球来压迫止血、清创消毒，不过消毒创伤面时要注意采取由内而外、从干净到肮脏区域的步骤，也就是说，棉签涂擦伤口要先清理无菌的地方，再清理污染的地方，以免将病毒、细菌带到伤口中，人为造成继发感染。

（5）消毒纱布

纱布柔软，吸湿性良好，可用于覆盖较大的烧伤、切伤、擦伤、感染性伤口。它既不像棉花一样有可能将棉丝留在伤口上，移开时也不会牵动伤口，是让伤口尽快愈合的得力助手。单独包装的消毒纱布是居家必备的首选。

（6）创可贴和止血贴

创可贴和止血贴一般只能用于浅表、伤口整齐干净、出血不多而又不需要缝合的小伤口，能起到暂时止血、保护创面的作用。尤其是手指、脚趾上的小伤口。

使用前要先将伤口清理干净，再将创可贴或止血贴覆在伤口上，如果选购的创可贴透气和防水性能不佳，不但不利于创口分泌物的引流，反而会助长细菌的生长繁殖，使伤口和伤口周围的皮肤发白、变软，导致继发感染，故创可贴使用时间不宜过长或湿水。另外，止血贴要有很好的止血功能。

小药箱使用安全指南

（1）摆放位置

在家里或外出的自驾车上备一些实用的药物和医疗护理用品，不仅能应急，还可以快速、有效地帮助缓解一些简单疾病的症状。实用小药箱一定要有宝宝无法开启的安全锁，并且放置在小孩不能轻易触及的地方，这样能防止宝宝有意或无意地乱翻，避免不必要的伤害。

（2）药品选择

选择常见病、多发病用药。家庭常备药一般只是作为应急或方便使用，无须面面俱到。必要时及时带孩子去看医生，避免延误病情。

处方药必须凭执业医师或执业助理医师所开处方才可调配、购买和使用；非处方药，简称 OTC 药（包装上有"OTC"字样的就是非处方药），则是不需要处方即可购买的药品，家长可根据需要选购，按照说明书自行使用。尽量选择不良反应较少的非处方药。红底白字的是甲类非处方药，绿底白字的是乙类非处方药，乙类非处方药安全性更高。

选择疗效稳定、用法简单的药物，如口服药、外用药等。

严禁混入易致孩子过敏的药物。

根据孩子的体质情况，配备合适的药品，如哮喘等。

根据季节变换调整或增补药物种类与存量，如冬春季节感冒高发，需及早购置感冒药品。

特别提醒：

◎所有用品，特别是药物，存放的瓶、袋、盒上的原有标签要保持完整，为避免标签掉色，可自制清晰便利的标签并且粘贴好，标签上需注明药名、规格、用途、用法、用量、有效期、注意事项等重要信息。

◎内服药和外用药分开放，外观相似的药品，也应分开放。

◎建议每半年清查一次急救箱内药品和用品的有效期，若发现药片（丸）发霉、粘连、变质、变色、松散、有怪味，或药水出现絮状物、沉淀、挥发变浓等现象时，应及时淘汰，并补充相应新药。

◎药品包装上标注的生产日期指的是药品的出厂日期；有效期则是药品在规定的贮藏条件下质量能够符合规定要求的期限，一般是指药品未开封时的使用期限。需要注意的是，一旦打开外包装，药品的使用期限会明显缩短，特别是瓶装药、袋装药、液体制剂。

◎严格按照说明书上的贮藏条件，一般是防高温、避免光照、避潮湿、隔空气。

◎慎、忌、禁用勿混淆：慎用是指用药时要小心谨慎，但并非绝对不能使用，建议在医生及药师指导下使用。忌用是指避免使用或最好不用，因为导致的不良反应较为明确且发生不良后果的可能性大。禁用是指绝对禁止使用，这是最需注意的。

◎日常应教育孩子在家长或医生的指导下用药，不得自行使用药物。家长也不可随意在孩子面前服药，避免孩子效仿。